JN189353

トラねこのトリセツ

東京書籍

はじめに　3匹と暮らす彼女のひとり言

トラねこのハチ

週末の午後5時。

高層マンションの26階の窓から外を眺めると、下を流れる川の向こうに山々が薄く陰っている。陽はずいぶん傾いているけれど、遅いランチを友人とともにとったわたしのおなかは、まだまだ空になっていない。

今週も昨日まで全力疾走で働いてきた。疲れているんだ、わたしは。

土曜日の夕方になっても、回復にはほど遠い。冷蔵庫には、まだもう一缶ハイボールがあったはずだ。それを飲んでもうちょい休もう。テレビでお相撲もやっている。わたしは、柔らかなソファに腰を下ろす前にキッチンに向かった。

先ほどから、もちろん声は聞こえている。

「ねぇ、ハチ。お願い、もうちょっとだけ休ませてぇ〜。あと20分!」

茶トラのハチ（♂）、ミケのナナ（♀）、ブチのロク（♂）……、ゴー、ヨン、サンと続くわけじゃないけれど、この子たちは兄妹だ。それまでのチャミが18歳という長寿をまっとうして、しばらくは思い出に生きようと決心したのに、半年も経たないうちに保護猫カフェで見合いをしてしまった。兄妹と聞き、揃って引き取って我が家に来たのが5年前。ミケのナナが長女で、ロクが長男で一番下がハチ。順番からしたら「ゴー」にしてもよかったけれど、いかにもハチなんだな、空気感が。

「ハッちゃん、いつもどうして待てないのー？　ナナやロクはいい子にしているでしょう？」

にゃー、にゃー、にゃー。

ハチの体重は、いまやナナの1・5倍、そしてロクよりも大きい、というか太っている。食事には細心の注意を払っていて、まったく同じように育てているつもりなのに、どうしてこの差が生まれてしまうのか。ひと言、食いしん坊で、ナナよりもロクよりも甘えん坊で、私のこころをくすぐってくる。

「できない子ほどかわいいっていうけれど、ま、当たってないこともないか」

トラ、ミケ、ブチと初めて一緒に過ごしてみて実感するこの違い。

そこには、たしかに秘密がある。

目次　contents, tora-neko

ここはとっても大事なので、
『ミケねこのトリセツ』、『ブチねこのトリセツ』と
共通するところがあるにゃん！

トラねこのトリセツ

ここはとっても大事なので、
『ミケねこのトリセツ』、『ブチねこのトリセツ』と
共通するところがあるにゃん！

カバーイラスト＝ミューズワーク（ねこまき）
ブックデザイン＝Achiwa Design,inc.
写真＝istock.com

tora-neko, the best

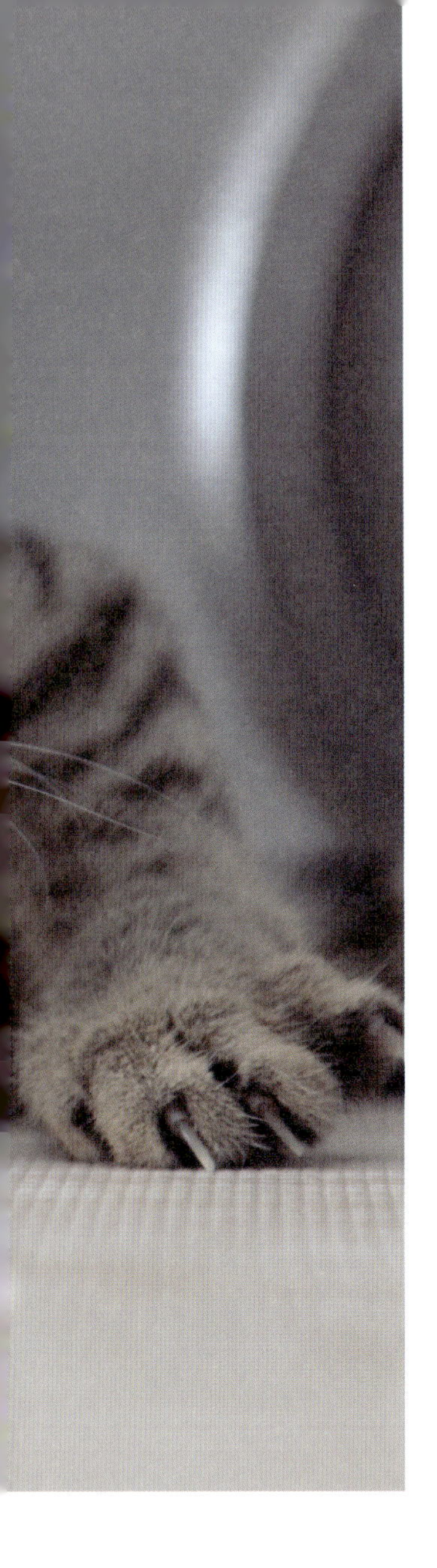

んにゃ。トラさんがいっぱい!!

もっとも野生に近いといわれる
キジトラさんから、
おっとり大人しい茶トラさん……
トラさんといっても十人（猫）十色。
ささッ、トラさん大集合!!
トラさんが大好きなあなたに贈る
ベストショット。

トラさんが数ある毛柄（けがら）のなかで一番多いんだにゃ〜！

食いしん坊の茶トラさん
お腹いっぱいになったらすやすや……

トラさんにはキジ・茶・サバの
3種がいるんだにゃ！

トラ柄に白い毛が
混じっていることも！

同じトラ柄でも色が違うと性格も違うってほんと？

ハンターのまなざし……
やっぱりキジトラは野生に近い？

cat's pattern

ここはとっても大事なので、
『ミケねこのトリセツ』、『ブチねこのトリセツ』と
共通するところがあるにゃん！

大石孝雄先生（元東京農業大学教授）が教えてくれる

トラさんの毛柄学！

あなたにピッタリのパートナー探し

トラねこはやっぱり野生に近い？　言われてみれば、なんとなく敏捷（びんしょう）そうだしパワフルな気も。よく食べるし……。毛柄によって、猫の性格は違うの？　そもそもなぜ猫がだけがいろいろな毛柄があるんだろう？　ほかの動物は多少の差はあれ、みんな一緒。そんな「猫の毛柄の謎」を、貴重な調査結果をお持ちの専門家、伴侶動物学・動物遺伝学の大石孝雄先生に聞きました。

おおいし・たかお

1944年、京都府出身。農学博士。京都大学農学部卒業後、農林水産省に入省。畜産試験場育種部長などを歴任。退官後の2006年、東京農業大学農学部教授に就任。専門は伴侶動物学、動物遺伝学、動物資源学。これまでも8匹のねこを飼ってきた愛猫家。現在もねこ4匹、犬2匹に囲まれて暮らす。

ねこのルーツ

ニッポンのイエネコ、祖先はリビアヤマネコ！

同じトラ柄でも茶色やグレーもあり、同じミケなのに、柄の出方が違ったり……。犬や鳥など、他のペットにくらべても、同じ種で猫ほど毛柄が違う動物もありません。

私たちの身近で暮らす猫たち。動物学では「イエネコ」と呼ばれ、「ヤマネコ」＝野生の猫とは区別されます。「イエネコの祖先は、エジプトなどの中東をルーツとするリビアヤマネコといわれています」（大石先生）

イエネコのルーツはヤマネコにあり!?

「リビアヤマネコはイエネコくらいの大きさで、人に慣れやすかったんです。ネズミを駆除するための家畜として飼われ、次第に人間と共存するようになって……」（大石先生）

野生↓家畜化↓イエネコ化。そして、この野生猫の毛柄が、自然の中で身を隠すのにぴったりの黒と茶の縞模様……**リビアヤマネコってキジトラに似てる？**　……先生、イエネコの毛柄の基本型って、この色とこの縞柄ということですか？

「そうですね。リビアヤマネコは、黒と茶の縞柄の遺伝子を持っています。猫が世界各地で家畜化し、その後、愛玩動物として飼われていくうちに、この遺伝子が突然変異し、新たな毛柄の猫を生みだすことになっていったのです」（大石先生）

リビアって、
どこらへんか
知ってるかにゃん？

毛柄の組み合わせ

トラ、ブチ、ミケ……決め手は遺伝子9種類！

リビアヤマネコが家畜化されるようになったのは、約５０００年前の古代エジプト時代で、ネズミや毒蛇の退治のために人間に飼われていたのだそうです。

　家畜化されてから、遺伝子の突然変異、または特定の毛柄を残そうとする人為的な繁殖によって、**猫の毛柄は長い時間をかけて変化**していきます。

「毛柄を決めるのは『遺伝子座』といって、ある特定の形質についての遺伝情報がある染色体の部位のこと

キジトラから
茶トラ、
サバトラへ

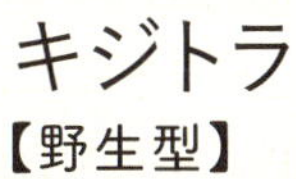

キジトラ
【野生型】

I遺伝子があると、
銀色になる

O遺伝子があると、
茶（オレンジ）色になる

▼サバトラ

▼茶トラ

キジトラから
黒とか白とか
サビとかミケに

キジトラ
【野生型】

aa遺伝子があると、
縞が抑えられ、黒色になる

W遺伝子があると、
白色になる

▼黒

▼白

Oo遺伝子もあると、
茶（オレンジ）ともう1色つくる

S遺伝子もあると、
白斑ができる

▼サビ

▼黒白

さらに
S遺伝子もあると、
白斑ができる

▼ミケ

ですね。『遺伝子座』には、W、O、A、B、C、T、I、D、Sの9種類があるんです」（大石先生）

W＝ホワイト（白）、O＝オレンジ（茶）、A＝アグーチ（1本の毛に縞が入る）、B＝ブラック（黒）、C＝カラーポイント（顔や体の先のほうに色が出る）、T＝タビー（縞）、I＝インヒビター（シルバーが出る）、D＝ダイリュート（色を薄くする）、S＝スポッティング（体の一部を白くする）。

「たとえば、白色が生まれるのを支配しているのはW遺伝子座。優性のW遺伝子だと白に、劣性のww遺伝子だと白以外の毛色になります。縞模様を発現させるA遺伝子座の場合、優性のA遺伝子は縞模様になり、劣性のa遺伝子では単色」（大石先生）

9つの遺伝子座と優性・劣性遺伝子を組み合わせていくと？

猫の毛柄は、「キジブチ」や「白黒ブチ」「キジミケ」など、なんと16通り！ つまり両親から受け継いだ遺伝子のうち、どの遺伝子の支配が強く出るかによって、変わってきます。

親と子の毛柄が違う理由

しかも、親が持つ遺伝子がそのまま反映されるわけではなく、優性遺伝子は、次の世代に必ず受け継がれるけれど、**劣性遺伝子は孫の世代以降に受け継がれるのだとか。**そのため、遠い祖先から続く劣性遺伝子を受け継ぐと、親とは違う毛柄になることも！ だから同じ親でも子猫の毛柄が違うことがあるんですね。

「もうひとつ、遺伝子が影響するの

I B W
D C O
S T A

猫の毛柄を決める9種類の遺伝子

W…ホワイト（白）
O…オレンジ（茶）
A…アグーチ（1本の毛に縞が入る）
B…ブラック（黒）
C…カラーポイント（顔や体の先のほうに色が出る）
T…タビー（縞）
I…インヒビター（シルバーが出る）
D…ダイリュート（色を薄くする）
S…スポッティング（体の一部を白くする）

は、ミケの柄。これには性染色体が関係します。白や黒(またはキジ縞)を決定する遺伝子は性染色体以外の常染色体上というところに存在しますが、オレンジを決定するO遺伝子だけは、性染色体のX染色体上にあります。そして、Oo遺伝子の組み合わせのときだけ、茶と黒の斑点になります。メスの性染色体はXXなので、Oo遺伝子の組み合わせを持つことができますが、オスの性染色体はXYなので、O遺伝子、またはo遺伝子しか持てません。そのため、**ほとんどのミケがメス**なのです。**まれに染色体異常によってオス**が生まれることがあります」(大石先生)

毛柄が増えたワケ

人間の好きキライで毛柄の種類が変わった？

猫の毛柄がこんなに増えた理由には、**当然人間も関係しています。**

「猫は、人間の役に立つ犬と違って、愛玩動物として人間と暮らしてきましたよね。ですから、その時代時代によって、あるいは地域によって、毛柄に対して好き嫌いという要素が加わることもあったでしょうね」（大石先生）

いつの時代も、人間なんて勝手なものなのです。たとえば先生はこんなことも。

「毛柄の好き嫌いで、顕著なのは黒

猫でしょうか。真っ黒で目がキレイだけれど、不吉なイメージを持たれるのも事実で、あまり好かれないのかもしれませんね。逆に商売繁盛の『招き猫』なら白かミケか。だから多くの人に好かれる。猫の毛柄は、人間の勝手なイメージで取捨選択されてきたという歴史もあります」（大石先生）

歴史を振り返ると、シルクロードの交易や大航海時代など、人間の移動範囲が広がるにつれ、猫もネズミ退治や海難のお守りなどとして、さまざまな地域に運ばれて……結果、ある毛柄が特定の地域に集中することも。たとえば、茶やオレンジを持つ猫は、西ヨーロッパでは36％以下、東アジアでは50％以上に達している地域もあるのだとか。

みんにゃに共通 1

飼い主さんに聞いた毛柄と性格の関係とは？

猫好きの間では、「茶トラは食いしん坊で甘えっ子」「白は繊細で賢い」など、毛柄と性格の関係は、都市伝説のように語られてきました。本当のところはどうなのでしょう？

「私が東京農業大学の学生たちと一緒に行った調査があるのですが、その結果、毛柄によって、おとなしかったり、甘えん坊だったり、警戒心が強かったり……、それぞれの特徴的な傾向がわかってきたのですね」（大石先生）

茶トラ、茶トラ白、キジトラ、キジトラ白、ミケ、サビ、黒、黒白、白の9種類の毛柄を対象に、それらの**猫の飼い主さんにアンケート調査。**「おとなしい」「甘えん坊」「気が強い」など17項目について、飼い猫の性格に当てはまるかどうか、5段階評価で回答。結果を平均化したところ、**やっぱり、毛柄による違いが！**

毛柄によって"傾向"がある！

「同じ猫という種ですからね、基本的な性格が大きく変わることはないのですが、それでも**毛柄によって性格の傾向があるよう**です。**茶トラはおっとり、キジトラ白は甘えん坊……ミケは賢いけれど、扱いにくい性格**という結果もありましたね」（大石先生）

大石先生も一緒に暮らしてきた猫に当てはめて考えてみると、**この調査結果に納得**するところがあったのだとか。大石家の茶トラは、おっとりして社交性が高く、食いしん坊、ミケと白猫は共に賢く、気が強かったそうです。

毛柄と性格の関連性については詳しくは解明されていないけれど、**色素を形成する遺伝子と、感覚機能や行動、神経機能に関わる遺伝子との関係性などが推測**されています。

「私たちが調べた毛柄と性格の調査に類似する報告は、海外にもあります。１９９５年に茶色のオス猫は攻撃的な性格を持つというレポートも発表されました。研究が進めば、もっと詳しい毛柄と性格の相関性が解明されるでしょう」（大石先生）

数字が大きいほど、その傾向が強いにゃ～

ミケ	サビ	黒	黒白	白
2.9	2.8	2.7	2.9	2.8
2.8	2.8	2.9	3.0	2.8
2.6	2.5	2.5	2.6	2.4
3.1	2.8	3.2	3.4	2.9
2.6	2.3	2.9	3.0	2.7
2.3	1.9	2.4	2.6	2.4
3.1	2.9	2.7	2.5	3.0
2.3	1.9	2.2	2.3	2.2
2.9	2.8	3.1	3.1	2.6
2.8	2.6	2.9	3.1	2.4
2.7	3.1	2.5	2.5	2.7
2.6	3.0	2.5	2.2	2.5
2.1	2.6	2.2	2.1	2.5
2.7	3.1	2.7	2.8	2.4
2.5	2.8	2.5	2.5	2.1
2.3	3.0	2.5	2.9	2.3
2.7	2.3	2.8	3.2	2.8

ネコの毛柄と性格一覧表！

性格	茶トラ	茶トラ白	キジトラ	キジトラ白
おとなしい	3.6	2.7	2.6	2.8
おっとり	3.6	3.1	2.8	3.0
温厚	3.3	3.0	2.6	2.8
甘えん坊	3.3	3.4	3.1	3.4
人なつっこい	2.8	2.8	3.0	3.2
従順	2.8	2.5	2.4	2.6
賢い	2.7	3.0	3.1	3.0
社交的	2.4	2.4	2.4	2.8
好奇心旺盛	2.8	2.9	3.1	3.2
活発	2.3	2.5	2.9	3.2
気が強い	1.9	2.5	2.8	2.6
わがまま	2.1	2.1	2.7	2.4
攻撃的	1.4	1.8	2.1	1.9
警戒心が強い	2.4	2.9	2.7	2.6
神経質	2.1	2.1	2.4	2.4
臆病	2.4	2.8	2.7	2.4
食いしん坊	3.0	2.6	3.1	2.9

2010年、大石先生が東京農業大学で実施した「毛柄と性格に関する調査」による。「おとなしい」「甘えん坊」「気が強い」など17項目について、9種の毛柄の猫にあてはまるかどうか、飼い主に5段階評価（5点満点）で回答してもらい、その点数の平均値を表にまとめた。数字が大きいほど、その傾向が強いと推測される。

みんにゃに共通②

お育ちと暮らす環境……そりゃ影響しますにゃ

猫の性格は、とても個性豊か。多頭飼いの経験がある人なら、**似たような毛柄なのに性格が「けっこう違うわよ」**と感じたこともあるハズ。

毛柄の違いは遺伝子によって決まります。そこまではわかったんだけど、その性格が強く出るかどうかは、**育つ環境や人間との関係にも左右される。**考えてみれば当然ですね。

とくに、生後2～7週までの間は、社会性が育つ大切な時期。母猫の母乳を飲みながら、兄弟猫と一緒に育

った子は、他の猫とも共存できる社会性が身につきます。この時期に人間との触れ合いが多ければ、人慣れした性格に成長していく……。

暮らしやすさを考えよう

「もちろん、個体差がありますが、遺伝子だけでなく、その後の環境によって、性格が変わっていくこともあります。ただ、たとえば同じように野良猫から飼い猫になった場合、警戒心が強いサバトラと甘えん坊の茶トラ白では、茶トラ白よりサバトラのほうが人慣れするのに時間がかかるということはありうると思います」（大石先生）

　子猫時代から人間と暮らしていても、その性格は生活環境に影響されます。大家族の中で暮らして、人と接していたら、**サバだって人なつっこくなる可能性があります。**ひとり暮らしの家だと、**社交的なキジトラ白でも、飼い主にしかなつかない**ことも考えられますね。

　子猫の頃は活発で甘えん坊だったのに、大人になると、クールになるなど性格が変わる、オスとメスでもまた違う、つかみどころのないところも、また、猫の魅力。いずれにせよ、毛柄と性格の関係は、**一緒に暮らすときの参考**になるかも。

「『甘えん坊な茶トラ白だから、よく遊んであげよう』など毛柄に合わせて、暮らしやすい環境を整えてあげるといいのではないでしょうか。猫は困った行動をするときもあります。そんなとき、毛柄から解決策が見つかるかもしれませんね」（大石先生）

トラねこ

ねこの代表的な存在、トラ一族の秘密

「猫の代表的な柄といえば、トラ柄、縞柄ですね。このトラ柄は、毛柄に関連する遺伝子のうち、A遺伝子座のA遺伝子（アグーチ遺伝子）というものを持っている必要があるんです。これを持っているとトラ模様になります。トラ柄にもいろいろな色がありますね。キジトラは『野生型』と呼ばれるくらい、ヤマネコにもっとも近く、猫本来の毛柄です」（大石先生）

んにゃ。まずはキジトラ。**黒い毛**

が「スピンライン」と呼ばれる背中に沿ってお尻まで伸びている線上にあり、その左右に細い縞模様が対称に入っています。**縞模様の間に地色として茶色い毛。**

ネックレスとブレスレット

この基本の縞柄の遺伝子に、茶（オレンジ）の毛色をつくる**O遺伝子が加わると、茶トラ。**茶トラの場合は、縞模様が濃い茶色、地色はそれよりも薄い茶色に。

サバトラは、縞柄の遺伝子にシルバーの毛色をつくるI遺伝子がプラス。一部のメラニン色素の働きが弱まり、地色はシルバー、縞の部分は黒色がより濃くなります。

トラ柄には、その他にも特徴的な模様が……。目元には目尻から頬に沿って、2本の濃いラインが入り、**額にはアルファベットの「M」**のような模様。この「M」は、縞模様の色が濃い猫であればあるほど、はっきりわかります。一方で、口のまわりからあごの下のあたりまでは、白い毛になる猫も。

首のまわりには、**ネックレス**のような縞模様が入り、足元にも**「ブレスレット」**と呼ばれる輪状の模様が入ります。さらに、しっぽにも、輪状の縞模様がくっきり！

「猫の毛柄を決める遺伝子は数が多く、組み合わせも複雑です。体のある場所はトラ柄でも、ある場所はミケのように見えたりします。複雑な遺伝子が毛柄に表れることで、その子らしい個性にもなっているんですね」（大石先生）

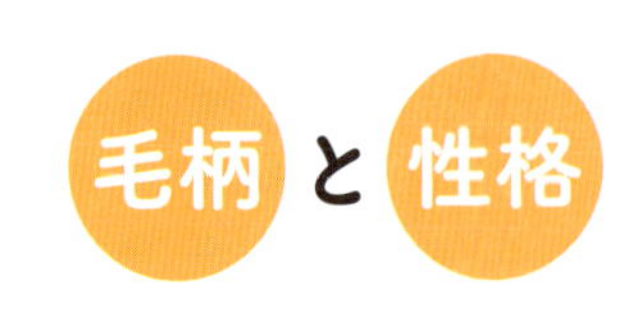

茶トラ／サバトラ

食いしん坊は誰だ？
怖がりは誰だ？

大石先生が調べた「毛柄と性格の調査」（P30参照）。

トラねことして調査対象になったのは、「茶トラ」「茶トラ白」「キジトラ」「キジトラ白」の4種（残念ながらサバトラのデータはにゃい）。これら4種に共通して平均得点が目立って高かったのは、そう、「甘えん坊」です！

「猫の性格は、成育や生活環境、性別にも左右されるので、毛柄だけで断定するのはむずかしいのですが、

甘えん坊のトラ柄のなかでも、**茶トラは面白い結果**になりました。『**おとなしい』『おっとり』『温厚』という項目の平均得点が他の毛柄に比べて、高かった**のです。**サバトラ**についてデータは取っていませんが、私の経験からいうと人見知りで怖がり、ですね。**慎重な性格の子が多い**ような気がします。項目でいうと『おとなしい』性格が強いのかもしれません」（大石先生）

「ごはんをくださいー！」

確かに「おとなしい」の項目は、茶トラがダントツに高く「3・6」という結果に。茶トラ白の「2・7」、キジトラの「2・6」、キジトラ白の「2・8」に比べても、とても高い数値です。

もうひとつ、**茶トラで注目したいのが、「食いしん坊」**の項目。平均得点は「3・0」。一方で、平均得点が低いのは、「攻撃的」の項目。茶トラは「1・4」、茶トラ白は「1・8」でした。

「イエネコは人間と共存して生き延びてきた種ですから、人見知りしているとダメなんですね。誰にでも『ごはんをください』みたいな態度でないといけません（笑）。食いしん坊の茶トラは、おとなしく、甘えん坊の性格を利用して、人と上手に共存しながら、生き延びてきたのかもしれませんね」（大石先生）

人間だって「甘え上手」な人がなんとなく得している？　猫の世界もまた、同じかなぁ。えっ、勉強になる？　そうだにゃん。

キジトラ

好奇心旺盛！
賢くて、世渡り上手

大石先生の調査で、**キジトラとキジトラ白**の性格として、「甘えん坊」以外に目立つのは、**「人なつっこい」と「好奇心旺盛」**の項目。

同じトラ柄の茶トラと茶トラ白は、「人なつっこい」の項目が「2・8」なのに対し、キジトラは「3・0」、キジトラ白は「3・2」でした。「好奇心旺盛」も、茶トラは「2・8」、茶トラ白が「2・9」だったのに対し、キジトラは「3・1」、キジトラ白は「3・2」です。また、「活

発」さも、キジトラ白は調査対象になった全種の猫でもっとも高く「3・2」。キジトラも「2・9」と高めでした。

ハンターとして理にかなう

「猫の毛柄のうち、**自然の中で生き延びやすいのは、キジトラ**です。たとえば白色だったら、雪山は別として、ヤマネコが暮らしてきた森や砂漠の中では目立ってしまいます。キジトラは自然環境に紛れやすく、ハンターとして身を隠すのに理にかなっている柄なのです。**キジトラの毛柄の利点が獲物を探しやすくした**と考えれば、その活発さがイエネコにも引き継がれ、**好奇心が旺盛**という性格として表れているのかもしれません」（大石先生）

いくら好奇心旺盛でも、やみくもにハンティングしても獲物は獲れません。そこで注目したいのが、「賢い」。キジトラは「3・1」、キジトラ白は「3・0」と高め。

　こんな結果から考えると、**キジトラは「甘えん坊で人なつっこい性格。しかも賢くて世渡り上手」**ということかな〜。

「17項目で調査した結果のうち、類似した項目を、各猫の特性として5項目にまとめたデータがあるのですが、それによると、キジトラは『温厚性』『人への友好性』『外向性』『反抗性』『警戒性』のうち、飛び抜けて高かったり、低いという点がありません。ですから、**バランスが取れている性格**と言えるのかもしれませんね」（大石先生）

毛柄と性格

トラ＋白

白が入ると……賢くなる？ 臆病になる？

トラ柄に白い毛が混じった猫と暮らしている人も多いハズ。そんな人たちの疑問は、**「この白い毛ってさぁ、どんな性格に影響しているのかしら？」**ということ。

「白猫は調査データを見ると、どの項目も平均的で特徴がつかみにくいのですが、**唯一、目立つのが『賢い』**の項目です。私の家にいた白猫も大変賢い子でしたし、栃木県にある那須どうぶつ王国でキャットショーに出演している猫に白い毛が多いこと

も考えると、白猫は猫のなかでも、とくに賢いと言えるかもしれません」（大石先生）

……ということは、茶トラやキジトラも、「白い毛が混じると賢さが増すの？」と期待したくなる。データを見てみましょ。

見方によっては臆病？

「賢い」の項目を茶トラと茶トラ白で比べてみると、茶トラは「2・7」、茶トラ白で比べてみると、「3・0」なので、**お〜、茶トラに関しては、白が入ることで賢さが増している可能性はありそう！**

でも、キジトラとキジトラ白では、「3・1」と「3・0」でほとんど差はなし。どうやら、毛色以外の要素も影響しているようだけど、やっぱり興味があるデータですね。

一方で、ちょっと**目をひくのが、「警戒心が強い」と「臆病」**の項目です。茶トラ白は、茶トラとくらべて高めの点数が出ています。

「白は自然界で目立つ色なので、生き延びるのが大変です。そのため、警戒心が強くなったり、臆病になった可能性はあります。白猫の調査データだけ見ると、とくに警戒心が強かったり、臆病という結果は出ていないのですが、茶トラは甘えん坊だったり、好奇心が旺盛だったりする面もあるだけに、**飼い主さんから見ると、ときに臆病な面が目につくことがある**のかもしれませんね」（大石先生）

納得ですね！

トラねこと相性がいい人は？

オール・マイティ・トラさんは、
みんなの味方です！

さて、トラさんと一緒に暮らす場合、
問題は、飼い主である私たちとトラさんとの
相性ですね。毛柄で性格に傾向があるのなら、
その傾向を参考にしない手はないにゃん！
トラさんとの相性がいい人とは？

トラ柄は毛色が違っても、白が混じっていても、**イエネコ界ではマジョリティ柄。**

性格も個体差があるけれど、おとなしくて好奇心も旺盛。ポジティブな意味で、猫らしい性格を平均的に持ちながら、人にも慣れやすいので、**「飼いやすい毛柄」**と言えるかも。「トラ柄は、猫のスタンダードな性格を持っていることが多いので、飼い主との**相性はオールマイティ**じゃないでしょうか。強いて言えば、**茶トラ**はトラ柄のなかでもおとなしくて飼いやすいので、**初めて猫を飼う人に向いている**と思います。キジトラも愛嬌があって賢いので、一緒に

キジ、
茶、サバとの
相性は？

暮らすのは楽しいでしょうね、きっと」（大石先生）

トラ柄が猫のルーツに近いのは、これまで先生に教えてもらってきたとおり。ミケや黒、白、ブチに比べて、**「人間が猫に求める性格をひとと おり持っている」**のがトラといえるかも。どんな人もとりこにする実力の持ち主？

おっとりしていて飼いやすい茶トラは猫初心者にもぴったり？　ただし、食いしん坊の性格には注意が必要。甘えてくるからといって、欲しがるまま、ごはんやおやつをあげていると、**太りすぎてしまいます。初心者、要注意！**

「いまは猫も感染症の予防のために、室内飼いがベスト。運動不足になりやすいので、茶トラは、毎日の食事量をしっかり守る厳しさが、飼い主の人にはとくに必要かもしれませんね」（大石先生）

サバトラは大人向き？

好奇心が旺盛で、活発な子も多いキジトラは、野生の本能がいちばん色濃く残っている可能性が高い毛柄。飼い主さんは、そんな性格を大切にできる、気持ちに余裕のある人が向いているかも。じゃらし棒などのおもちゃを上手に使って、ストレス解消を……。

「ただトラのなかで、サバトラの場合は少し考えますね。私の経験ですが、怖がりで、臆病な性格のサバトラの子を見る機会が多いんです。ですから、**サバトラはひとり暮らしの人や大人だけの家庭など、静かな家**

のほうが落ち着くかもしれません。さらに多頭飼いよりは、一頭飼いのほうがいいかもしれませんね」(大石先生)

猫との暮らしには、壁紙で爪とぎをしたり、夜中に大声で鳴いたり、困った行動もつきもの。トラ柄は甘えん坊で人なつっこいのが特徴。それだけにストレスがたまっていないか、注意深く観察する必要があるかも。

甘えてきたときには、たっぷりと遊んであげて。そんな飼い主さん向けかも?

参考図書『ねこの事典』(今泉忠明監修・成美堂出版発行)

サバトラさん・キジトラさん・茶トラさん　相性相関図

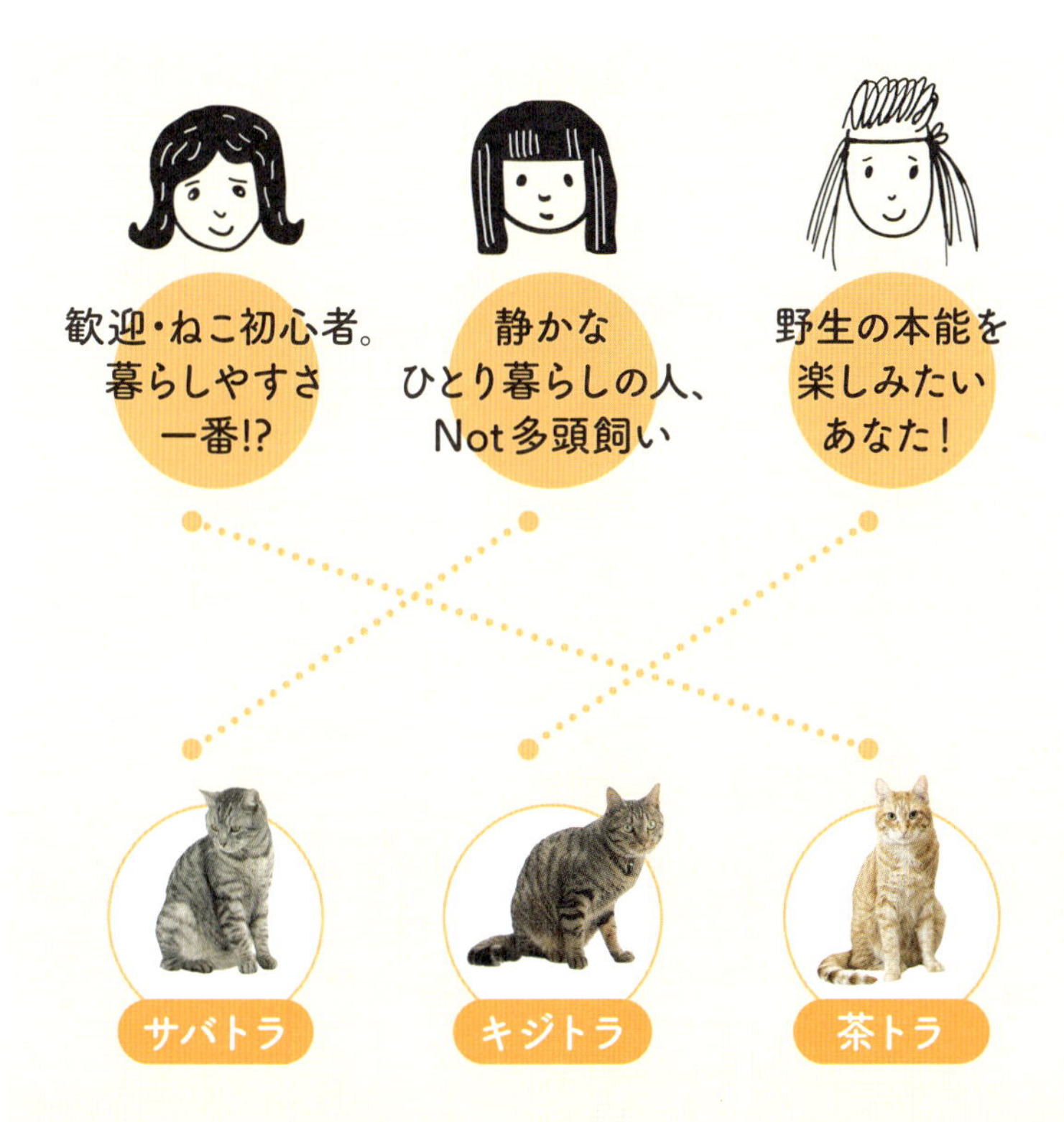

トラねこの○と×

トラねこの長所や短所、やっていいこと・あまりやらないほうがいいことをまとめてみると……。一緒に暮らす前の猫さん選びや困ったときのヒントにどうぞ。

■サバトラ

×見知らぬ人

サバトラは怖がりで臆病の子が多い？
でも、慣れると甘えっ子に変身！

■トラねこ全般

○飼いやすい！

ミケやブチと比べて、温厚で従順なので扱いやすい

■サバトラ

○落ち着いた環境づくり

サバトラは一人暮らしや大人だけの家庭など、静かな生活が好き

■茶トラ

×食事のあげすぎ

茶トラは食べすぎ、太りすぎに要注意！
しっかりと食事管理を

※猫の性格には成育や
性別などの違いも影響します。
個体差も考えて、ストレスのない生活環境を
整えてあげることが大切です。

■キジトラ

×気持ちに余裕がない

野生の本能がもっとも残っている
可能性が高いキジトラ。遊ぶ時間が短いのはダメ

■キジトラ／キジトラ白

○遊ぶ時間たっぷり！

キジトラとキジトラ白は活発で好奇心が旺盛。
遊ぶ時間をたっぷりとってあげて

■茶トラ

○初心者向け

おっとりした茶トラと茶トラ白は、
猫を初めて飼う人も安心

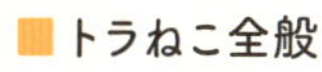

■トラねこ全般

×甘えさせない

トラ柄は甘えん坊。
いたずらをするときは
ストレスがたまっているのかも……

ねこの聖地をゆく・トラねこ篇

とんでもにゃい？化け猫騒動

熊本県球磨郡水上村
「千光山生善院」

熊本県の緑豊かな山あいに
ある小さな村・水上村に
生善院はひっそりと佇む。
鎌倉時代から明治維新まで
700年にわたり、彼(か)の地は、
領主・相良氏が治めてきた。
この相良氏にまつわる
化け猫騒動の舞台を
訪ねてみよう。
えっ、聖地じゃにゃい？

文＝有地永遠子
text by arichi towako

写真＝濵田喜幸
photographs by hamada yoshiyuki

生善院は「猫寺」と呼ばれるだけあって、いたるところに猫が。本堂内でひときわ目を引くのがトラねこが描かれた襖絵。さまざまな姿の猫と蓮の花が描かれている。

相良三十三観音のひとつ。春と秋のお彼岸には開帳され、参拝客をもてなす。

猫の祟りを鎮めるために……

千光山生善院、通称「猫寺」は、熊本県南東部の水上村にある真言宗智山派の寺院。

生善院は、鎌倉時代から明治維新までの約700年間、大名・相良氏が治めた人吉球磨（ひとよしくま）地域にあり、不思議な言い伝えが残っています。

現在の生善院の場所には、その昔、普門寺という寺がありました。天正10年（1582）3月16日、事件が起こります。普門寺の住職は無実の罪で相良氏によって非業の死を遂げ、同時に寺も焼かれたのです。

住職の母・玖月善女（くげつぜんにょ）は、あまりの悲しみと悔しさに、21日間の断食の上、自分の指を噛み切り、その血を神像に塗りつけます。可愛がってい

観音堂内厨子に納められている千手観音立像。亡くなった玖月善女を表しているといわれる。相良家への恨みも息子を思えばこそ。母親の愛情にあふれている。

た猫の玉垂(たまたれ)にも流れ出る血を舐めさせ、怨霊となって祟るよう言い含め、相良氏を呪いながら身を投げます。

その後、相良家藩主の姉が老婆と猫の姿を見て病気になってしまい、床に臥していると、今度は障子にお坊さんの影が映り、驚いてさらに病状が悪化したという言い伝えが残っています。寛永2年(1625)、霊を鎮めるため、普門寺跡に建立されたのが生善院。猫の祟りを恐れて造られたため、いつしか「猫寺」と呼ばれるようになったのです。

のどかな田園風景の向こうに

ローカル線・くま川鉄道で人吉温泉駅から終点の湯前駅まで「観光列車田園シンフォニー」に揺られます。えんじ、青、クリーム色に塗り分け

観音堂内のご本尊。左の猫の絵が、ご本尊を安置する土台の須弥壇に。

られた車輌。ゴトンゴトンと車輪の音が耳に心地よく、窓の向こうには列車の名前のとおり、のどかな田園。

　終着・湯前は木造の小さな駅。猫寺までは、約1・2㎞、徒歩で20分ほど。しばらく歩くと赤い鉄橋・古渕橋が見えてきました。橋の下に流れるのは清流で名高い球磨川。川の流れと田植えが済んだ鮮やかな緑の田園風景。橋を渡り県道33号線を東に歩くと道路脇に「生善院観音（24番）３００ｍ」の看板。

　民家の間に石段が見え、見上げると石段の上の山門前に2匹の猫、狛犬ならぬ狛猫です。右側の猫が口を閉じ、左側の猫が口を開いており、やはり「阿吽」を表しています。

　山門をくぐると高い木々に囲まれた本堂が現れます。

観音堂とともに国の重要文化財に指定されている須弥壇に彫られた猫の絵。

猫が描かれた襖から

「どうぞ、中へ」

奥から声がかかりました。声の主は三十代目住職・千葉弘実さんです。

お茶を勧められる目の前には猫が描かれた4枚の襖。水墨画家・大谷喜郎氏によるもので、無邪気に飛び回る猫、こちらをじっと見ている猫など13匹。13という数字は仏教では縁起が良いとされるのだとか。

ご住職に寺の巡り方をご指南いただきました。まずは山門からスタートし、先ほどの狛猫の前へもう一度。昭和2年に洒落(しゃれ)のきいた檀家さんから奉納されたもので、現在はグレー、以前は黒白のブチねこ。数年に一度の本堂の屋根を塗り替えるときに合わせて猫の柄も変わるのだとか。

化け猫となったといわれる玖月善女の愛猫・玉垂の像。飼い猫の健康を願って手をあわせる人も多いという。

入口の山門には、狛犬ならぬ「狛猫」。数年に一度の本堂の屋根の塗り替え時に猫の柄も変わる。現在はグレーだが、以前は黒白のブチねこだったという。賽銭箱の周りや本堂を囲む縁側にも猫の置物が並ぶ。玉垂の絵馬や猫のおみくじもあるので、猫に願いを託してみては？

玖月善女が身を投げたとされる、球磨川の茂麻淵（もまがふち／水上村湯山）。

「今度来られたときには、毛柄模様が違うかもしれませんよ」

と、ご住職。

寺の黒猫「チビ」と出会う

本堂でお参りした後、本堂と同じくして建てられた国の重要文化財に指定されている観音堂へ。茅葺(かやぶき)、寄(よせ)棟(むね)造りの建物全体は深い黒塗り、そこに鮮やかな朱赤や緑が施されています。観音堂の中にはこちらも国の重要文化財の厨子(ずし)があり、基壇(きだん)となる須弥壇(しゅみだん)の右手に眠るよう、静かに佇む猫の絵が彫られています。

観音堂隣には、昔話に出てきた「玉垂」の墓。頭は猫形、赤い前掛けが似合っています。飼い猫の健康祈願や、猫は毛づくろいをすることから「美肌になる」ともいわれ女性

玖月善女が身を投げたという茂麻淵にはその魂を鎮めるためのお堂が建てられ、通称「ごしんさん」として信仰されている。

写真の「チビ」の他、トラねこの「タマ」、ブチねこの「クロ」が飼われている。クロは毎朝、住職のお母さまが本尊にお経を上げるのをそばで聞いているとか。

の参拝者も多いといいます。その奥には殺された住職と玖月善女の墓も。

最後は、ひときわ目立つ石碑「ねがい猫」。飼い猫の冥福を祈る人、飼い猫の健康祈願に訪れる人……「玉垂」が描かれたお札に願いごとを書けばさらにご利益があるかも。

近所の猫たちの散歩コースになっているという境内に現れたのはこの寺の黒ねこ「チビ」でした。こちらは無視。「私の縄張り」とばかりに伸びをしたりくつろいだり。

毎年3月16日は、猫寺最大の行事である春の大祭。今年は猫の神輿も登場。大祭の前の3月3日には「猫のお雛さま」が飾られるそう。

「次回は、春に来るね」

そう語りかけてみても、チビはそっぽを向いたまま……。

深い緑の山々に抱かれ、日本三大急流のひとつ球磨川が流れる自然豊かな水上村。田園風景の中を電車に揺られて猫を巡る小旅行へ。

千光山生善院（せんこうざんしょうぜんいん）

熊本県球磨郡水上村岩野3542
TEL：0966-44-0068
【アクセス】
電車の場合：人吉温泉駅よりくま川鉄道湯前線で湯前駅まで約45分。下車して徒歩約20分。
バスの場合：人吉駅前より湯前線木上学校前経由・湯の前駅前行で下里まで約50分。下車して徒歩10分。
自動車の場合：九州自動車道人吉ICより約40分。

初恋の猫

エピソード「わたしのこころ、ねこのきもち」

谷村志穂
tanimura shiho

キジトラのチャイ

私がはじめて一緒に暮らした猫は、キジ虎柄でチャイという名前だった。茶色でチャイ、のようにも思えるのだが、実はこの猫を譲ってくださったご夫妻が、はじめからつけていた名前だった。確かだんなさんがドイツ人で、ネパールのティーであるチャイが気に入っていてつけた、という話だった。

その頃私は、突然猫と暮らしたい衝動にかられ、しかも野良猫みたいな猫が望みで、動物病院や電信柱に貼られたポスターの中の猫たちを探し歩いていた。

二十五年くらい前の話で、当時はまだ保護猫という言葉もなかった気がする。勝手に白くてふわふわした子猫に出会えるのかなと空想していたが、幾つかのお見合いのような機会を経て、たどりついた場所がそのご夫妻のお宅だった。色とりどりのバティックが間仕切りのように幾枚もかけられている家で、そこに近所の野良猫たちが、たくさん集まっていた。

その家に居ついていた雌猫がチャイだ。子猫でも白猫でもなく、すでに生後三ヶ月のキジ虎柄で、目やにや鼻水で、顔つきは少し険しく見えた。耳はぴんと大きく立っていた。

突然の来客であるこちらを見てひどく警戒しており、テレビ台の上にどっしり座ったおじいさん猫の隣に身を寄せていた。

著者と……

「この猫がいいよ。野性味があるし、尻尾の先までぴんと伸びている」

興奮したようにそう言ってチャイを指差したのは、一緒に探しにいった当時の恋人だ。彼はそれまでにも猫を飼っていたことがあり、チャイは好みの猫だったようだ。

「ただ、この猫は人に懐かないですよ。いつもこのおじいさんの隣にぴったり張りついているんです」と、奥さんの方が言った。

おじいさん猫は鼻炎持ちで、ずっと鼻をすーぴー鳴らしていた。チャイは確かにその横にぴたっと寄り添っていた。

そこから、わずか一時間のうちにどうやってチャイが私の家にやってくる話になったのだったろうか。部屋の中を必死に逃げ回るチャイを段ボールに収めて、車で連れ帰った。段ボールが変形するほど暴れ、部屋に解放するとどこかに逃げ込んでしまい、まる一週間姿を現さなかった。朝になると、多少ご飯を食べたあとや、用意した砂を汚した形跡が見つかるものの、昼間は声も聞こえない。

いろいろひどすぎるな、と私は思っていた。急に猫がほしくなった私もひどいし、勝手にチャイを気に入った恋人もひどい。だが何より段ボールに入れられてさらわれるようにやってきた猫の怯(おび)えが、部屋の中に充満している。一体、なんてことをしてしまったのだろうと悔いはじめた。

野良猫たちは、どこでどんな親から生まれたのかもわからない。けれどチャイはおそらく、ようやくたどりついた場所で受け入れてもらい、三ヶ月も馴染(なじ)んで生きていたのだ。あの鼻炎のおじいさんが親代わりだったろうか。

今更返しに行ったらご夫妻は呆れるに違いないが、その方がいいのかなと、いよいよ覚悟したその夜のことだった。チャイは私のベッドに乗ってきた。

もういいよ、と言っているみたいだった。仕方ないから、ここで暮らすよと、きっとそう決めたのだ。

そこからのチャイは、いつも私を驚かせてばかりだった。

眩(まぶ)しいような身体能力で、カーテンを伝って一気にカーテンボックスまで駆け上がっていく。羽のついたおもちゃで遊ぶと、風車のようにぐるぐる回った。当時使っていた大きなパソコンのモニターの上が好きな場所で、そこから窓の外を眺めたり、風を浴びたり、私が執筆中のときには、よく見下ろすように瞳を輝かせていた。顔も毛並みもみるみる美しくなっていった。

2LDKの部屋には、どこにもチャイの痕跡があり、突然住まいは小さな猫との宇宙になった。新聞紙の音がすると、遠くから滑り込んでくる。パンを一斤買うと、襲いかかる。

遊んでばかりのようだが、私は雌猫のチャイに母性のようなものも感じていた。不規則な生活をしていたが、私が眠る時間になると必ずベッドにやってきて、毛づくろいをはじめ、自分も体を休める。ときには半分目を開けたまま、こちらを眺めていた。

一度は私が寝付けずに、横たわっては起き上がり、また横たわりと繰り返していたら、チャイは突然、私の顔を両前脚で挟んで、往復ビンタをした。あまりの驚きでそれを担当編集者に話すと、それは躾ですね、と真顔で言われたのを覚えている。早く寝なさい、と思いあまって肉球で叩いてみたのだろうか。

「な、いい猫だったろう」

当時の恋人が満足気にそう言う頃には、私は猫にいい猫もよくない猫もあるのだろうかと訝るようになり、彼よりチャイの方を少しずつ大切に思うようになっていた。チャイは、親友であり、家族であり、唯一毎日一緒に眠る相手になっていた。

チャイは、だめな私と二十二年間も一緒に生きてくれた。途中から腎臓病を患って、最後の一年は家で点滴もしたが、それでもほとんど病気知らず。若いうちは、私の郷里の焼き鮭が大好物だった。

キジ虎柄の猫と出会った人は、皆一様に感じるのではないかと思うが、この柄の猫はたぶん野性味が強い。柄からしたって、原種に近い。たとえば時折発見されるイリ

オモテヤマネコや、動物園にいるヤマネコの種類は、みんなキジ虎柄によく似ている。精悍な顔つきで、動きが特別しなやかだ。

野性味が強い分、はじめは用心深く簡単には懐かない。けれど、ひとたび扉が開くと、その野性の力で一気に猫の世界へと誘ってくれる。愛情深さを示し、寄り添い、神秘的な表情で、もっと心を澄まして、遠くの世界を見てごらんと伝えてくれる。

別の話のようだが、昔母がセキセイインコをつがいで飼っていて、三十羽くらいまで雛たちが増えていった。インコも、不思議なくらい、いろいろな柄で生まれてきた。黒い斑点の入った緑の体に、尾羽だけが瑠璃(るり)色のインコが生まれると、それは特別に賢くて人懐こいと、よく母は言っていた。

「たぶん原種に近いんだと思うわ。体だって丈夫なのよ」

チャイは背中や胴体はキジ虎柄だったが、お腹の部分はヒョウ柄で、その柔らかい腹の毛の中に乳房や臍(へそ)が隠れていた。

私はチャイの体の隅々をよく覚えている。抱きしめたり、一緒にダンスをしたり、爪を切らせてもらったり、ときには猫が自分でするように、肉球を軽くかじらせてもらった。その美しい腹の毛を刈ってしまって、避妊手術も受けさせてしまった。

チャイの後半生には、私には夫も娘もでき、夫が連れてきた子猫も一緒に暮らしはじめたが、チャイが私には一番長い家族で、互いにしかわからない秘密の時間を共有した、いつもそう感じさせてくれる思慮深さがあった。

出会って二十二年目、チャイが私と二人きりの部屋で息絶えたあとは、体が半分もがれたような気持ちになって、何をしていてもチャイと過ごした時間ばかりを振り返った。

初恋の猫で、一番長く過ごした相手だ。初恋の猫が素敵な猫だったので、猫が好きになったのだ。

チャイと同じキジ虎柄の猫は世の中に多くて、時々ふっと幻影のように、「チャイだ」と思う猫に会う。その猫も、野性味が強くて愛情深いように見える。

だけどたぶんしばらくは、キジ虎柄の猫とは暮らせないと思う。チャイがまだ心の中にいて、温かさや柔らかさも手が覚えていて、なのでまだチャイは生きていると私は思っている。

時々、チャイの目の輝きを一人で起きているような夜の時間に、ふっと感じている。

たにむら・しほ

1962年北海道札幌市生まれ。北海道大学農学部卒。1991年処女小説『アクアリウムの鯨』（八曜社／角川文庫）を刊行し、自然、旅、性などの題材をモチーフに数々の長編・短編小説を執筆。紀行、エッセイ、訳書も手がける。2003年『海猫』（新潮社）で第10回島清恋愛文学賞を受賞。最新刊は長編小説『移植医たち』（新潮社）、エッセイ『ききりんご紀行』（集英社）。現在は、ミーミー（シロクロトビねこ）、ルールー（トビミケねこ）の2匹の猫たちと暮らしている。

ねこまき × トラねこ

ミューズワーク(ねこまき)

名古屋を拠点に、夫婦でイラストレーターとして活動。コミックエッセイ、広告イラスト、アニメなどを手がける。『まめねこ』『ねことじいちゃん』などねこが登場するほのぼのとしたマンガでねこ好きからの支持が熱い。原作のアニメ化、映画化が続々と進行し、ますます注目度が高まっている。

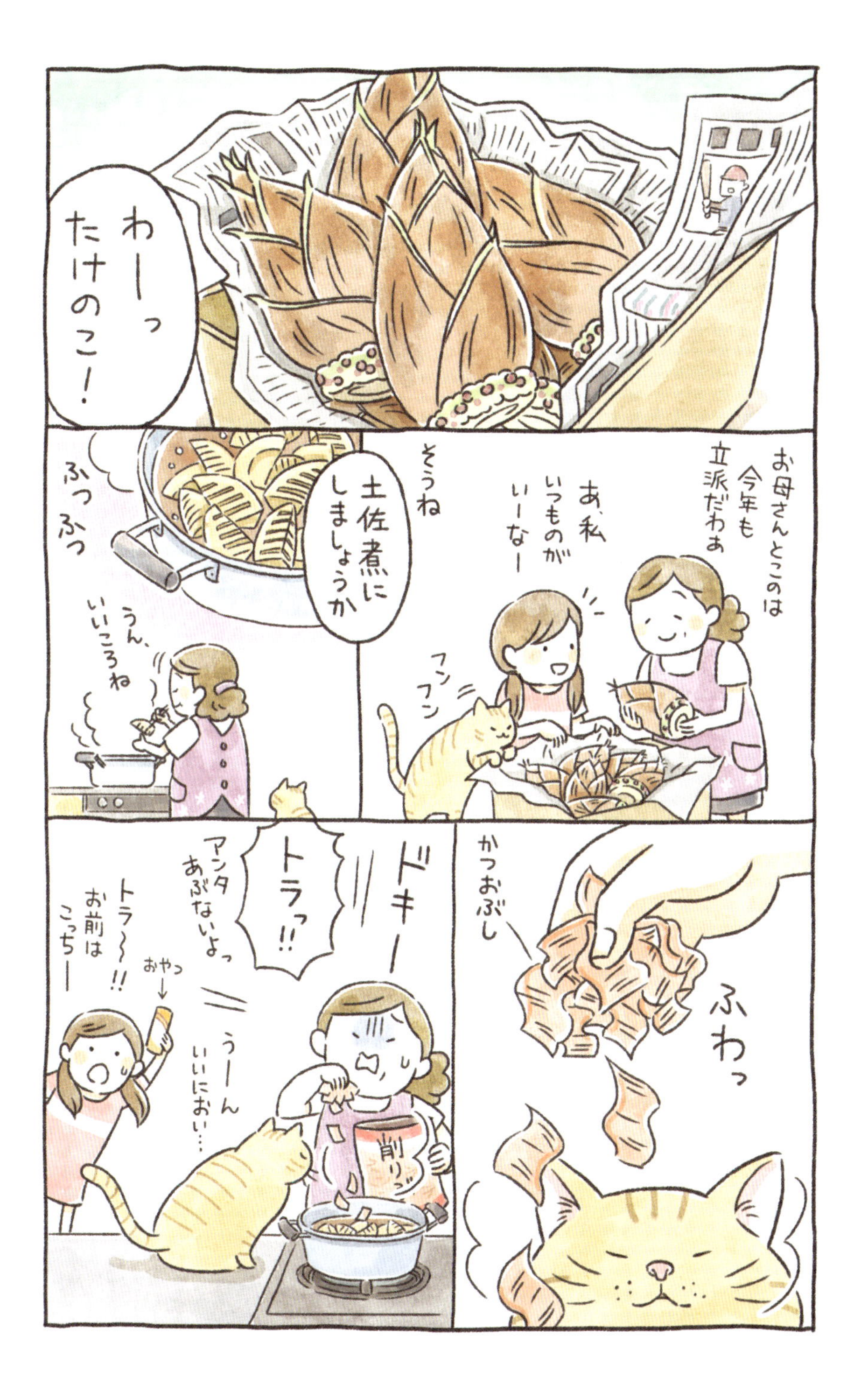
わーっ
たけのこ!
お母さんとこのは今年も立派だわあ
あ、私いつものがいーなー
フンフン
そうね
土佐煮にしましょうか
ふっふっ
うん、いいころね
かつおぶし
ふわっ
ドキー
トラっ!!
アンタあぶないよっ
うーんいいにおい…
トラ~!!
お前はこっちー
おやつ
削りっ

ねこまき
×
トラねこ

やっぱ田舎のセミはでっけーなー
でろーー
あづ〜
ひょい
ホレ
トラーーっ
おみやげだぞっ
ジジーーッ
ぎょっ
田舎育ちなのに…
虫…
だめなのか…
ピューーッ

ねこまき
×
トラねこ

トラーっ
ホレ ホレ
…
ちぇーっ
お前最近つき合いわりーなー
プイ
トラーっ
天然のねこじゃらし（エノコログサ）
ふる
ふるっ
ふるるん
てぃやー
ひゃはーっ
天然ものはちがうぜーっ
とびちるタネ
さーっ
あっ…あ…あんた…あとから自分でそうじしなさいよ…

ねこまき
×
トラねこ

はー
冬の定番
コタツ&ネコ
しあわせ…
むふふ♡
あたたかさも倍増してサイコー
三十分後
フフ…
一時間後
うーん
のみものおかわりしたい…
三時間後
ティッシュとれない…
のどもかわいたけど
トイレも行きたい…
こしがいたい…
あっあのーそろそろうごいてもいーかなー？
ヴ〜
あ、ダメなの…
試される忍耐力!!!

living together

ここはとっても大事なので、『ミケねこのトリセツ』、『ブチねこのトリセツ』と共通するところがあるにゃん!

よろしくにゃん!

さぁ、一緒に暮らそ! 大石孝雄先生直伝にゃん
トラさんがやってきた!

ねことの出会いは、いつも突然やってきます。あわてずにすむよう、大石先生に聞いておきましょ!

監修=大石孝雄
oishi takao

にゃんライフタイム
ねこの年齢別お世話

出生時

●100g前後で誕生!

目も開いておらず、耳も聞こえないほか、排泄や体温調節も自分ではできません。ただし、ミルクはすぐに飲みだします。毎日約10gずつというペースで体重が増えて、大きくなっていきます。

gohan

ねこがよろこぶ ごはん

ウェットフードのチョイ混ぜがおすすめ

キャットフードには、カリカリしたドライタイプ、缶詰やレトルトパウチなどのウェットタイプがあります。ドライタイプはこれだけでも栄養バランスが満点で、そのうえ便の状態もちょっぴりドライで片付けがしやすくなります。

ただし、ドライフードは水分が10%以下。そこで「**ドライフードを中心に、猫の嗜好性(しこうせい)を考えてウェットタイプをちょっと混ぜてあげる**」のが大石先生のオススメです。

1週齢（生後～7日）

●目は開いていても

まだ見えませんが、耳は聞こえるようになってきます。母猫がいない場合は、湯たんぽなどで体温を調節してあげたり、哺乳瓶でミルクを与え、また母親がなめるように身体をなでてあげましょう。

2週齢（8～14日）

●目が見え、歯も生える

猫がほかの動物とのコミュニケーションを学び、社会に慣れるための時期を「社会化期」と言いますが、これは早くて2週齢から始まり、9週齢まで続くと言われます。外の世界に慣れさせましょう。

3～4週齢（15～28日）

●視力や聴力が成猫並みに

ほかの子猫と遊べるようになったり、爪の出し入れができるようになるのも、この時期です。また自分でトイレができるようになるので、トイレを用意するほか、離乳も開始して離乳食をあげ始めましょう。

「猫の食事の仕方にも、狩りをしていた時代の習性が色濃く残っています。たとえばちょっとずつ食べるクセ。これは昔、獲物を捕まえて穴ぐらなどに貯蔵しておき、少しずつ食べていた習性から来ていると言われています。つまり一度で完食することは少ないのです」（大石先生）

季節によってはいたみやすいウェットフードを与える場合はとくに、一度に与えずに何度かに分けてこめに食べさせてあげましょう。

人が普段食べていても、猫にとっては危険な食べ物もあります。

ネコに危険な食べ物は、タマネギ、長ネギ、ミョウガ、ニンニクなどのネギ科の野菜で、貧血や下痢などの原因になる物質が入っています。

魚介類では、イカや貝などのほか、サバも危険。

「ヒスタミンが高濃度に入っているので、アレルギーが起こることも。腎不全の原因になるぶどうやレーズン、命に関わる中毒を起こすこともあるチョコレートもNG。乳糖を分解する能力が弱い猫には、牛乳も与えないほうがいいですね」（大石先生）

トラねこはとくに食欲旺盛の傾向があるので、肥満には注意しましょう。

5～7週齢（29～49日）

●体重は500gを超えて

青っぽかった目の色も成猫に近くなってきます。乳歯が生えそろうので、ミルクより離乳食の割合を増やし、子猫用のキャットフードにも少しずつ慣れさせるようにしましょう。

2か月齢

●動物病院で1回目のワクチン

9週齢までの社会化期は残りわずか。この時期にひと通りのケアや遊びなど多くのことを経験して、慣れることができるかどうかが飼いやすさに影響することも。

3か月齢

●2回目のワクチン接種

2回のワクチンは、母乳に入っていたウィルスや細菌を原因とする病気の抗体の、効果が切れるために打つもの。以降のワクチン接種は年1回でOKです。

4か月～6か月

●乳歯が抜け落ちて……

永久歯が生えそろいます。メスの場合は早ければ4か月で発情期を迎えることも。一方、オスでは、早くて5か月。メスは避妊手術、オスは去勢手術をおこないます。

toilet

ねこが安心する トイレ

いつも同じ場所が好き。ここちよいトイレづくりを！

猫はいつも同じ場所で排泄する習性があります。トイレの覚えがいいのもそんな理由から。ほかの動物より飼いやすいですね。

「砂をかける行為も野生の名残で、においで位置が判明しないように、自分の存在を消す本能的な行為ですね」（大石先生）

この習性を考えると、鉱物、紙、木材などの素材のトイレ砂は猫にとってはとても快適な環境。排泄物をできるだけ早く処理し、ここちよいトイレづくりを心がけましょう。

ねこのベストトイレ

❶いつも清潔に

猫はきれい好き。いつも清潔でないと大きなストレスを感じるので注意！

❷猫が落ち着ける場所

人目につかない場所、たとえば部屋の片隅やケージのなか。変化を嫌うので一度決めたら変えないように。

❸食事場所からは離して

猫は食事をする場所で排泄しない習性を持っているので、離して設置！

6か月〜1歳

大人の身体に

猫の6か月齢は、人で言うと9歳の小学3年生。ほぼ完全に大人の身体になる猫の1歳は人の15歳相当と言われ、早くも思春期に突入します。以降1年ごとに人の4歳分、年を取っていくという説が一般的です。

成猫期（1歳）

もうすっかり大人猫

1歳を迎えれば大人の体つきになってきます。子猫用のフードは、栄養価も高く、高カロリーのため成猫に与えるのはNG。1歳頃から成猫用のフードに。

成猫期（3〜4歳）

去勢や避妊をしてないと

猫の場合、一生でもっとも繁殖力が旺盛になるのがこの時期です。毛並みがツヤツヤで美しくなる一方、去勢をしていないオスの場合は発情から凶暴化することも。

歯が摩耗（まもう）しはじめ……

少しずつ歯垢が付いてきます。歯ブラシでは取れません。ひどい時は、動物病院で全身麻酔での除去処置が必要になってしまいます。そうなる前に、歯ブラシやガーゼでの歯磨きを。

health

いつも気にかけたい

健康

猫を迎えたら、まず探したいのがかかりつけの動物病院。**「病院が保護猫の活動に取り組む例も増えていますね。費用、経験、スタッフの数などのほか、そうした猫にやさしい病院が近くにあれば、まずは訪ねてみること」（大石先生）**

飼い主ができる健康チェックとして、体重のほか、被毛のつや、体温、呼吸数、脈拍数などがあります。

かかりつけ医と飼い主の連携プレーで

メスは生後4か月、オスは生後5か月を過ぎると最初の発情期を迎え、以降年に数回発情期がやってきます。ホルモン由来の病気にかかる確率を減らすためにも、子猫を産ませる予定がなければ、避妊・去勢手術を。**「とくにメスの場合は、健康面でのメリットが大。手術の適齢期は6か月前後。最初の発情前がいいですね」（大石先生）**

日ごろのかんたん健康チェック

- □ 毛つやは？
- □ 体温や呼吸数は？
- □ 食欲は？ 飲水は？
- □ ウンチの回数は？ 状態は？
- □ おしっこの回数は？ 状態は？
- □ しぐさや行動は？
- □ 鼻水や鼻の乾きは？
- □ 目やにや充血は？
- □ 歯の汚れは？
- □ 身体にキズや湿疹、できものは？

老猫期（7歳〜）

●7歳を過ぎると……

口の周りに白髪のような白い毛が生えてきたり、歯の先が丸くなるなどの老化が進んでいきます。毛づくろいをしなくなる猫もいるので、ブラッシングなど一層のケアを。

●のんびりと……

この時期になると落ち着いて、のんびりと過ごすことが多くなるようです。運動不足による肥満にもなりやすいので、おやつなどのあげすぎにはくれぐれも注意したい年齢です。

成猫期（5〜6歳）

●アラフォー世代

人間で言えば、この年代はアラフォー世代。肥満になりやすいほか、そろそろ成人病などに注意が必要になるのも、人間と同じです。

space

きもちのいい 環境

縦移動ができることがカギ。一匹でくつろげるスペースも

室内飼いでは、「食事スペース」、「休息所」、「トイレ」が最低限必要。**「猫は活動的でよじ登る能力が高く、キャットタワーや異なる高さの家具を置き、縦の動線をつくってあげることも大切ですね」（大石先生）**

猫は、基本的に単独行動をする動物です。猫一匹につきそれぞれ専用のくつろぎスペースを設けるのが基本。くつろげる暮らしには、ある程度の広さが必要。

「狭いところに閉じ込めるようなことになると、ストレスから逃げようとする猫もいます。とくに多頭飼いでは、一匹当たり10平方メートル程度の広さは用意してあげてくださいね」（大石先生）

猫のリビングルームに、必ず備えたいものといえば、爪とぎ。マーキングの意味があるとも言われています。家具で爪とぎをしてボロボロにしてしまったり、コードを爪で引っ掻いて感電したりしないよう、代わりに用意するのが爪とぎ。段ボール製や布製など、さまざまな爪とぎが発売されています。

●健康管理をしっかりと

年齢とともにさまざまな病気も増えてきます。年に一回だった動物病院での健康診断を、数か月に一回にするなどして備えます。猫の平均寿命は16歳前後と言われますが、最近はご長寿猫が増える傾向も。飼い主の健康管理が、すべての鍵を握っています。

●足腰を考えて

人と同様、足腰が弱くなります。高いところにあるキャットベッドなどは、危険なので低い場所に移動。または足場を作って、登りやすくするなどの工夫をします。

●寝ていることが多くなる

動きも鈍くなり、寝ていることが多くなります。若い頃にくらべ食欲が落ちることも少なくないので、少量でもタンパク質が取れるシニア用のフードを。歯が悪くなった猫の場合は、ドライフードの粒の大きさも考慮。

care

日頃からのケア

コミュニケーションを兼ねて 飼い主による お手入れも忘れずに

猫の毛づくろいは、身体を清潔に保つ以外に、天敵に自分の存在を気づかれないようにするという目的があると言われます。なめることで体臭を減らし、また、なめて体温を下げることで、温度によって猫が来たことを察知する動物たちの目をくらますことができるからです。

飼い主もブラッシングするなど日頃のケアを心がけましょう。猫と触れ合う貴重な機会にもなります。猫が嫌がる場合は、まず触られることに慣れる練習から。ブラッシングから爪切りまで、子猫のうちから徐々にケアに慣らしていきます。

しっかりケア、6つのポイント

【ブラッシング】

短毛猫は週に1度、長毛猫は毎日ブラッシングを。抱っこができないときは、うつ伏せのままでもOKです。

【目のケア】

目やになどをそのままにしておくと、涙やけを起こして、被毛が変色してしまうことも。ガーゼなどでやさしく拭き取りましょう。

【シャンプー】

短毛猫はブラッシングだけで十分な場合も。毛が比較的長い猫は1か月に1度のシャンプーで、毛づやを美しく整えましょう。

【耳のケア】

見えている部分に耳垢があるときは、綿棒などでやさしく拭き取ります。黒い汚れは耳ダニのこともあるので注意です。

【歯のケア】

見落としがちな歯のチェック。汚れているときは歯磨きなどで取り除き、ひどい汚れのときは病院にお願いします。

【爪のケア】

ケガの原因にもなりますので、爪の長さはこまめにチェックしましょう。爪には血管が通っているので、切りすぎには気をつけて。

ねこの衣替えの季節。
花粉症にも要注意!!

春と秋は寒さに対応する冬毛が抜け替わる、猫の"衣替え"時期。普段は週に1～2回でいい短毛種のブラッシングも、この時期は毎日してあげるのがいいでしょう。スプレーで湿らせると、静電気が起きにくくなり、ブラッシングがしやすくなります。「**猫も花粉症になります。この時期にくしゃみをするようなら注意したいですね**」(**大石先生**)。またノミや害虫も要注意。猫がかゆがってストレスになるほか、伝染病を媒介する可能性も。人にもうつるので、見つけたら即駆除です。動物病院で駆除薬をもらい、部屋を掃除機で念入りに掃除します。暖かくなって窓を開けて換気したい季節ですが、いろいろな意味で気をつけたいですね。

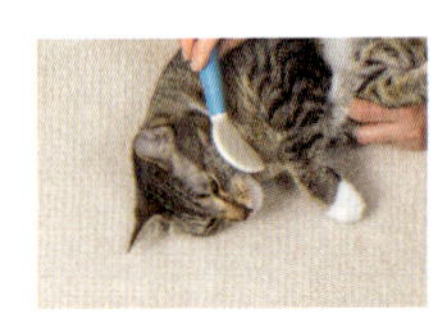

春夏秋冬！

気をつけたい、あんにゃことこんにゃこと

室温管理、
フード管理に気をつけて！

猫はほとんど汗をかかないため、体温調節が苦手。「**猫が快適に感じる気温は15℃から22℃。夏は体を伸ばして、ゆっくりと寝ますから風通しがよく、広くて涼しい環境を整えてあげたいですね**」(**大石先生**)。締め切った高温の部屋は、熱中症の危険も高くなります。

ごはんのコーナーでも触れましたが、「**猫は食事を一度に平らげずに、少しずつ分けて食べる習性があります**」(**大石先生**)。注意したいのがフード管理。ドライフード以外のフードは水分が多く傷みやすいので、こまめに冷蔵庫に。「**与えるときは、40℃ぐらいに温めてあげると喜びますよ**」(**大石先生**)。

食欲の秋にご用心。ねこ風邪にも……

「たくさん食べるのは健康な証拠と思いがちですが、過食は肥満を引き起こすので要注意。背中から脇の下に手を入れて肋骨を触り、肉が邪魔をするようなら太りすぎの可能性があります」（大石先生）。欲しがるだけあげてはダメ。食欲の秋こそ心を鬼にして食事を管理します。一方、暑かった夏の疲れがどっと出てしまうのは、人も猫も同じ。体力が弱っているので、いろいろな病気に狙われやすくなります。秋から冬にかけて空気が乾燥してくるため、くしゃみが多くなったり、目やにやよだれがあるようなら猫風邪かも。ウィルス性の病気にも注意してあげましょう。咳を何度も繰り返すようなら病気の疑いもあります。すぐに病院へ！

ねこさんとの暮らし、

温かな環境をつくってあげて……

「猫が暖かいところを選んで眠る理由は、睡眠中に体温が下がるからですね」（大石先生）。最近は、冬の定番「こたつ」は少なくなりましたが、ホットカーペットにも少し注意が必要です。人間よりも少し高めの猫の体温は、ふつう37.8℃から39℃です。この体温よりも高い温度設定での長時間の使用は、低温やけどの危険も。**「猫は暑がりですが、寒がりでもあります。冬は、座布団やクッションなどを置いた温かな場所を用意してあげてください」（大石先生）**。

またコード類を噛んでの感電などの事故にも気をつけて！　猫ベッドや湯たんぽなどで代用するのがベストです。

南千住の母猫

「毎度、お笑いを一席」……にゃ！

春風亭 百栄
shunputei momoe

「ねぇ。そこのお兄さん」

「へっ？　今お呼びになったのは私のことですか？」

「そうよ、尻尾を垂らして歩いてるけど、一つ観てさしあげましょうか？」

「観てさしあげましょうって……あなた、私の何を見るっていうんですか？」

「将来よ。あなたの未来」

「へー。なんだか胡散臭い猫にぶつかっちまった。年増の雉白の姐さんがこんな寂しいお稲荷さんの脇で俺の将来を観るって……あなた何者なんです？」

「私？　私は猫の手相見。肉球見よ」

「肉球見？　は～あ。近頃そういう商売があるってね。ずいぶん当たるのもあるって。でも只で観てくれるわけじゃ……え？　見料は要らない？　ははは……それがまた胡散臭いじゃありませんか。あとでもってマタタビを……とかなんとか」

「そんな危ない商売しないわよ。只で観て勉強させてもらってるのよ。でもあたしだって商売よ。飼い猫のお得意様がいるの。そういうところからはきっちり貰ってまさあね。だから安心して。そんなことよりあなた肉球を見せてごらんなさいな」

「改まって肉球見せたことはないけど。それじゃまぁ一つ……」

「ふ～ん。あなたこの辺の猫にしてはキレイな肉球をしてるのね。はぁ……あなた元は飼い猫だわ。飼い主様にも愛されて……何かの事情で流れて来たんでしょうね」

「えっ……わかるんですか？　そんなことが一目見ただけで」

「あなたのこの真ん中の大きい肉球。このきっちり三つに分かれたこの肉球の猫はデリケートな猫が多いの。でもいい飼い主に恵まれるという星を持ってるの。苦労のシミていない顔とこの肉球を見れば、それくらいのことは窺い知れるわよ」

「こりゃ驚いた。すっかりお見通しなんですね。姐さんの言う通り私の飼い主さんは私を我が子のようにかわいがってくれましてね。女の子が一人いたんですけどその子とも姉弟みたいに仲良しで。頭を撫でてくれる。ご飯も毎日違うゴハンが入っていました。退屈だとすぐにジャラしてくれる。きれいな毛布に丸くなったり手足を伸ばして大の字になったり、私は本当に暢気に暮らしてました。この幸せはいつまでも続くものだと思ってたんです。ところがあるときから会社が傾いて従業員の給料も出せない。しまいにゃ従業員の人たちに家に上がり込まれまして。その人たちが私がキャットタワーの上にいるのに気がつくといきなり怒鳴ったんです。……そうなんですよ。私は雑種なんです。でもなまじペルシャの血が入って長毛なもんですから高級な猫と間違えられたんでしょう。『子供の学費も出せない。満足に食べさせてあげたいのにそれもできない。あんたのところじゃこんな畜生をキャットタワーとかいう高層マンショ

ンに住まわせて、おやつまであげてご機嫌を取ってるんだろう』って……凄い剣幕で。私はあの時ほど今このタイミングでチャオチュール舐めてなくて良かったと思ったことはありませんよ。あるとき私がカリカリを食べているとその様子を見ながら飼い主さんが言ったんです。いい人に貰ってもらうようにするからねと。こっちは聞こえてましたがそこは聞こえなかったフリをして……よその仔になるくらいならと……皆の顔が見える軒先を借りる外飼いの猫の道を選びました。家に入りたいとも思いましたが、そうすりゃ籠に入れられ他所へやられる。それが一番辛いから我慢しました。でも私の思いは届かなかった。会社は倒産、一家は離散、たまに様子を見に持って来てくれたカリカリもなくなり、今じゃ猫年齢八歳、人間の齢で五十歳弱で初めて野良猫ということになりました」

「……私たち野良は多かれ少なかれみんなそんな思いをしてるのよ」

「情けない話ですよ。私はこのまま一生野良で終わるんでしょうね」

「もう一度見せて。猫の人生にも転換期があって……ほら、このあなたの人差し指」

「どれが人差し指だぁ？　人を指したことなんかありませんよ」

「肉球を上にして外側の肉球。ここの傷が年齢でいうとちょうど今。それで転換期を迎えることになったのよ。それにあなたの小指」

「小指？　ちょっとどれが小指だかわからねぇけど？」

「一番内側の肉球。これだけ立派な小指をしていたら喰いっぱぐれはないわ。前より
いい飼い主さんがつくわよ。あなたはとてもいい星持ってるの。髭や尻尾たらしてしょ
ぼしょぼしてないで、もっと堂々と背筋伸ばして歩きなさいよ」

「背筋伸ばすのは……私は猫背なんで。でも自信がつきました」

「私いつもここに出てるから。また来てちょうだい……。あら、だ～れ？」

「お姐さん……私友達に聞いてきたんだ。お姐さんがそうなの？　南千住の母って」

「自分から名乗ったことはないけど……そう呼んでくれる人もいるわ」

「よかった。私わざわざ綾瀬から二つも橋わたって来たのよ」

「あらまぁ……そこまでして……何観てもらいたいの。まだ歳も若いし、かわいくて
ヤンチャそうな三毛ちゃんだし……やっぱりオス猫の相談かしら」

「うふふん。私のことかわいいなんて言ってくれたのお姐さんだけよ。私ブスでしょ。

盛りがついた時だって待ってんのに誰も来なかったもの」

「無茶しちゃダメよ。肉球見せてみて。あら大丈夫。結婚できるわよ。この外から二
番目の肉球が愛情に影響するの。２０２１年から翌年にかけて婚期が来るわね」

「２０２１年、それって３年後？　野良の私がそんなに生きられる？」

「大丈夫。近頃は猫ご飯も充実してるから。うまくしたら2022年の2月22日。猫の最も幸せな日にウエディングドレスが着れるかも」

「本当に？　猫ゼクシィ買って勉強しておく。相手はどんな猫かしら」

「あなたの掌（てのひら）は三つ葉形。愛情深くって性格も奥ゆかしいわね」

「そうなの。私見た目と違っておとなしくて引っ込み思案。エサの順番も一番最後。おばあちゃん子でオス猫を立てるように言われてきたから。でも私理想があって相手はぐいぐい引っ張ってくれるアビシニアンとかソマリとかメインクーンが」

「野良じゃ無理よ。でもいい旦那さんが来るわよ。かわいいんだから。自信がないって？　大丈夫。実はあなたの肉球にはますかけ線があるの。横にまっすぐな線。波瀾万丈な人生を送りながらも成功をおさめるの。だから自信もって背筋伸ばして」

「背筋伸ばすの無理に決まってるでしょ。猫なんだから」

「ごめんなさい。これ一応私の決まり文句なの」

「しょうもな。でも元気出た。……ありがとう。私がんばる」

「ひっく。あ〜いい心もちだ。おや？　こんなところに妙な看板が出てやがる。猫文字で〝肉球見〟とあるな。雅白のお美しいお姐さんよ。一つ俺のも観てもらおうか」

「たいそう酔っぱらっているようですけど大丈夫ですか？」

「大きなお世話だ。俺は野良とは違うんだぜ。お家に帰ってゴロにゃんしてるだけでご馳走にありつけるって寸法よ。野良と一緒にするねい」

「それはようござんした。何を観ましょうかね。なんです？　あなたの輝かしい未来を？　……あら。あなた逞しい掌だわ。肉球もふっくらして。好奇心が旺盛で独創性があって一生エサに困らなくってスター性もあって女の子にもモテモテで」

「へへーん。どうだい。俺はすごいだろ。南千住のドンファンてのは俺のこった」

「きっと将来はすばらしいご家族にも恵まれて……あら？　一番肝心な狼爪。人間でいう親指の肉球が乏しいわ。精力寿命繁殖力に影響があるのよ。なぜここだけ」

「あ〜とうとうそれを言われちまった。そうなんだよ。実は昨日タマタマ取られたばかりなんだよ。あんまり悔しいからヤケのマタタビ煽ってたぃ」

「そんなにがっかりしないで、背筋伸ばして歩きなさいな」

「いやおとといまでは背筋どころか鼻の下まで伸ばしてた」

Photograph by Michiko Yoshida

しゅんぷうてい・ももえ

落語家。1962年静岡県生まれ。高校卒業後アメリカで放浪生活を送り、永住権も取得したものの、30歳過ぎてから落語家を志して帰国、95年に春風亭栄枝に弟子入り。前座名のり太。99年二つ目昇進で栄助に、2008年真打昇進で百栄と改名。

はたらくねこ

ウィスキーキャット物語

スコットランドの蒸留所では、原料となる穀物をネズミから守るために古くから〝ネコの手を借りて〟いました。
香り高いスコッチウィスキーを作るために活躍したネコたちのお話です。

文・写真＝土屋 守
text & photographs by tsuchiya mamoru

Story 1

ギネスブック認定の「タウザー」

ギネスブックにも載ったネズミ捕り名人タウザー。
その記録はいまだ破られず……。

Glenturret distillery

グレンタレット蒸留所

蒸留所で飼われているネコのことを「ウィスキーキャット」「ディスティラリーキャット」と言うことはよく知られているが、彼ら彼女らのことは別名、「ディスティラリーマウザー」とも言う。略してDM、決してディスティラリー・マネージャー（所長）のことではない。マウザーというのは、もちろんネズミ（マウス）を捕えるのが、彼らに課せられた仕事だからだ。

蒸留所のスタッフは人間だけとは限らない。古くから「四本足のスタッフ」として、ネコは蒸留所にとって欠かすことのできない存在であった。かつてDMといったら、ダイレクト

メールでも所長でもなく、ネコたちのことを言ったのだ。蒸留所のスタッフ台帳には、彼らの肩書きとして、「害獣駆除員」と書かれている。

蒸留所は原料となる穀物を大量に貯蔵していることから、ネズミの天国となっていた。今は自分のところで製麦を行う蒸留所は少なくなってしまったが、それでも仕込みに使う麦芽を数十トン単位で、常時キープしておかなければならない。どんなに管理を徹底しても、ネズミの巣喰う余地は残されている。

そんな時、もっとも有効な手段がネコを飼うことであった。まず、この「ウィスキーキャット物語」は、ネコのなかのネコ、マウザーとして世界一に君臨し続ける「タウザー」から始めなければならない。

タウザーが活躍したのは、南ハイランドのグレンタレット蒸留所である。生まれたのは一九六三年四月二十一日で、亡くなったのが一九八七年三月二十日。まるでスター並みに細かい日付までわかっているが、それは、タウザーがギネスブックが公認する、「世界一のマウザー」だからだ。

彼女が生涯に捕えたネズミは二万八千八百九十九匹。一日あたりで計算すると、じつに四匹近くを捕えていることになる。それも二十四年近い生涯にわたって、一日も欠かさず捕り続けたと計算してである。二十四

世界一のウイスキーキャット・タウザーの血を受け継ぐ孫のアンバー。アンバーも、もうこの世にはいない……。

歳という長寿を全うしたのも、驚異的である。

　どうしてそんな細かな数字がわかるのか疑問に思うところだが、タウザーには妙なクセがあって、捕えたネズミを毎日所定の場所に置いていったのだという。それを職人がせっせと毎日ノートに付けていたのだ。ギネスの賞は、この職人にも与えたほうがよいかもしれない。置いて行くほうも置いていくほうだが、記録に付けるほうも付けるほうである。

　それはともかく、タウザーは生前から人気で、テレビや新聞にもたびたび登場し、グレンタレットの宣伝に一役も二役もかっていた。それを観た全世界のファンから毎年、キャビアやスモークサーモンが山のように届いたという。もっとも好みかどうかはコメントされていない。

　タウザーはネズミだけでなく蒸留所の外にいるキジやウサギをよく捕えて食べていたというから、相当に野生の血が濃かったのかもしれない。ハイランドには、今でもワイルドキャットが棲息しているが、その剥製とタウザーの写真を見くらべても、どちらが野生なのか、わからないくらいだ。迫力という点では、タウザーが勝っている。

　タウザー亡きあとマウザーの職を継いだのは、タウザーの孫といわれる「アンバー」である。ところがこのアンバーはネズミ嫌いで、祖母とは対照的に、生涯に一匹もネズミを捕えなかった。彼女のお気に入りは売店の陳列台の上と、併設されているレストランのなかであった。そこにはいつも観光客に愛想をふりまくアンバーの姿があり、タウザーとは違った意味で、グレンタレットの人気者であった。

　その間、アンバーの代わりにせっせとネズミを捕っていたのは、アンバーの子の「ネクター」である。ネクターは、アンバーと対照的にシャイで人前に出るのが苦手で、いつもポットスチルの隅に隠れ、そのために職人たちも滅多にその姿を見ることはなかったという。アンバーと違って、一枚の写真も残されていないのは、そのためだ。

　残念ながらアンバーもネクターも二〇〇四年に相次いで亡くなり、その後蒸留所には「ディラン」と「ブルック」という二匹のネコがやってきた。どちらもスコットランドの動物保護センターにいたネコで、第二の人生、いやネコ生を蒸留所で送ることになったが、二百年以上続いたというタウザーの血筋は絶えてしまった。

　もっとも、ある日突然、タウザーの血を引くネコが、フラッと蒸留所に現れないとも限らないのだが。

ハイランドパークで働く人々。抱かれているバーレイももちろん大切なメンバー。

Highland Park distillery

ハイランドパーク蒸留所

蒸留所にふさわしい
名を持つモルト。

Story 2

永遠なれ、ウィスキーキャット

追悼の意も込めて、ハイランドパークの「モルト」（麦芽）と「バーレイ」（大麦）についてて述べておこう。バーレイもモルトも、ハイランドパーク創業以来二百年近く続く、ウィスキーキャットの家系で、スコットランドではもっとも古いマウザーの血筋だったという。

一時期、モルトとバーレイの他に「ピート」というネコもいて、スコットランドでは珍しい三匹のネコがチームを組んでいた。しかしピートは亡くなり、その後しばらくして「フェノール」というネコがフラッと蒸留所にやって来たが、そのフェノールも数年前に亡くなってしまった。死因は、蒸留所前の道路で車にはねられての、交通事故死であった。

モルトとバーレイはその後も二匹で仲良く（実際に仲良しで、よく一緒に行動していた）、ネズミを捕っていたが、二〇〇四年九月にモルトも交通事故で亡くなってしまった。二匹のお気に入りは、売店のカウンター横の専用の寝床であったが、モルトが亡くなってから数ヵ月間、

バーレイは最後の一匹になってもマウザーとしての役目を全うした。

バーレイはそこへは近寄らなかったという。モルトとの思い出の場所として、あまりに辛かったのかもしれない。

二〇〇六年十月に私が訪れた時は、バーレイもすっかり元気を取りもどし、ふたたび大好きな売店に姿を見せるようになっていた。そこからツアー客を先導して歩くのが、バーレイの日課でもあった。もとはその仕事は、どちらかというとモルトの役目であったが、モルトなき後、バーレイは代わりとしての使命感に燃えていたのかもしれない。

しかし、なんと、二〇〇七年三月に、バーレイまでもが蒸留所の前の道路で、車に轢(ひ)かれて死んでしまった。蒸留所周辺には多くのウサギが棲んでいて、バーレイもモルトも毎日のようにウサギ狩りに出ていたのが、アダになったのかもしれない。

現時点では次のウィスキーキャットは見つかっていないようなのだが、ある日、モルトやバーレイの血を受け継ぐ、ハイランドパーク伝統のマウザーがやって来るかもしれない。ハイランドパークは伝統的な自家製麦を続けていて、どこよりもウィスキーキャットを必要としているからだ。その日を期待して、待ちたいと思う……。

蒸留所の近くに棲むウサギも食べていたバーレイ。

マスコットキャラクターとしても一役買った人気者のバーレイ。

つちや・まもる

ウイスキー文化研究所代表、ウイスキー評論家。1954年新潟県生まれ。大学卒業後、フォトジャーナリストとしてチベットを舞台としたフォトドキュメントを雑誌「太陽」「アサヒグラフ」などに多数発表。1987年秋に渡英。取材で行ったスコットランドで初めてスコッチのシングルモルトと出会い、のめり込む。1993年帰国後は主にスコッチウイスキー、紅茶、ナショナルトラスト、釣り等の英国のライフスタイルを紹介した著書、エッセイ等を多数発表。1998年ハイランド・ディスティラーズ社より「世界のウイスキーライター 5人」のひとりに選ばれる。現在、「ウイスキーガロア」編集長。著書には『シングルモルトウィスキー大全』他がある。本編は、『スコッチウィスキー紀行』(東京書籍・2008年)に収録された作品。

catch me, if you can

スマフォでもミラーレスでも……

ねこ撮テク!!
8つのとっておき!!

福岡 拓さん、
じつは有名な料理写真家だけれど、
猫たちとの暮らしはもう20年以上。
「え？　料理じゃなくて、
猫の写真の撮り方？」
「ハイ」「あ〜」。
特別なカメラは不要。
誰もがすぐに応用できる
「猫の撮り方・初心者篇」を
教えてくれました。

監修／写真＝福岡 拓
fukuoka taku

ふくおか・たく
写真家。料理・レシピ撮影を中心に書籍、雑誌など幅広く活躍。フードコーディネーター、ブロガーなど料理を発信する人向けの写真教室を各所で開催。猫たちとのつきあいは20年以上。現在は4匹の猫たちと暮らす。

ねこ撮ポイント その1

置いて待つ!!

上手に猫を撮影するには、なによりも猫の習性を知ることが第一ですね。本、ノートパソコン、座布団の上……などなど猫はいろいろなモノの上に乗りますが、たとえば、そういったモノの上に乗った猫を撮影したかったら、乗せちゃダメですね。

「置いて待つ」

自宅だったら、容易に「仕込み」ができます。乗りたい、入りたい、登りたい……猫に、「あ、あそこに行きたいな〜」と思ってもらえる仕掛けをつくっていきます。箱があれば入りたがるし、紙袋にも入るのが猫ですね。でも、人間が入れるとすぐ出ます。猫が自分の意思で、そこに入ったときがシャッターチャンスですね。

猫は狭いところが好きでしょう。本棚にも、わずかな隙間をつくっておいて、猫が入るであろう、その隙間の脇に一緒に映したいものを置いておくとひと味違った写真になるような気がしますね。(福岡)

ねこ撮ポイント その2

動くものを追わせる!!

習性としては動くものを目で追うので、思うがままに目線をほしい場合は、猫じゃらしは必携アイテムですよね。同じ猫じゃらしだと飽きるので、色とかデザインではなくて、動きが違うもの、音が出るものなどの目新しさが必要です。獲物を見つけると突然集中するのも猫の習性ですから、その習性をうまく利用してください。(福岡)

ココロガマエ・その1

猫は人間じゃないし、犬じゃない!

ねこのトリセツ編集室(以下・トリ) どうやったら「猫さんたちをうまく撮れるのか」よくわからないので、よろしくお願いいたします。

福岡 拓(以下・福岡) ハイ、よろしくお願いします。

トリ スマフォでもいけます?

福岡 問題はカメラというより、まずは「心構え」からかな〜。

トリ ココロガマエ?

福岡 あのですね、猫はまず、人間じゃないですよね。そして犬でもない。どれくらいの知能があるかというと、たぶん犬と同じくらいだと思うんです、僕の実感としては。

ねこ撮ポイント その 

その殺気を消しましょ!!

撮影のことを英語では、シューティング(Shooting)というでしょう？　シューティングの訳は、射撃、狙撃、射的、銃撃、発砲……そして撮影。つまり写真を撮るときの人間の精神状態は射撃と一緒です。狙って引き金を引く。その行為に、動物がおびえるのは当然ですね。殺気がなければ猫はまったく怖がりません。撮影者もできるだけリラックス。とても大事なことですね。(福岡)

トリ　はい。

福岡　猫は「応えてはくれない」という心構えが必要です。犬は、人間に従いますよね。たとえば「おすわり」や「待て」ができる。でも、猫はできません、というかしないですね。「ここにお座りしろ」と言っても、あるいは、「そこに乗れ」と言っても乗りません、絶対に。そのへんを心得ておくと、猫へのアプローチがわかってきます。

ココロガマエ・その2

気持ちはわかるけれど、撮る気満々はNGです

トリ　より本格的に撮影したいと思ったとき、カメラの登場となると思います。スマフォは慣れていて平気、でも、カメラは怖がったり、という

ねこ撮ポイント その4

白シャツ有効!!

光が足りないとか、あるいは窓の前の猫を逆光で撮る場合。つまり猫の向こうの光が強く、撮影する側からもある程度光を当てたいということなら、撮る人が白いシャツを着るなどで光がまわって効果的です。

それと、光の向きは横からの光だと立体的になるし、奥からの逆光だと毛並みがフワッとして輪郭がキラキラして美しいですね。（福岡）

ねこ撮ポイント その5

ストロボはなし!!

ほとんどのイエ猫は室内撮影でしょう。僕の場合は、窓からの光、室内の明かりだけで、ストロボは使いません。福島県の芦ノ牧温泉駅の以前の猫駅長が、写真を撮られすぎてストロボで目をやられたらしいですね。スマフォも含め、デジタルカメラは光感度が強いですから、普通に人が暮らせる明るさだったらストロボは不要ですね。（福岡）

ことはありませんか？

福岡　それはですね、カメラが怖いんじゃなくて、カメラを構える人間が殺気立っているということですね。いい写真を撮ろうとするあまり、撮影者が殺気立つんですね（笑）。

トリ　あ〜。

福岡　猫は、カメラにはおびえないですよ。カメラを置いて自動シャッターで1分ごとにシャッターを切る設定にしたら全然気にしない。それなのに、カメラを嫌がるのは、撮影者のやる気満々なエネルギー、つまり殺気ですね。この殺気を消すというのは、思っている以上に大変です。一流のスナイパーのように気配を消せたら一人前ですね（笑）。まあ、自分の家の飼い猫ならそのうち慣れますが、野良猫の場合は、まずむずか

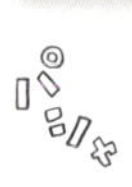

ねこ撮ポイント その6

スマフォは正方形で!!

スマフォで撮る。皆さん、SNS使用もあってスクエアで撮っている方が多いと思いますが、その理由だけでなく、ねこ撮は、スクエアで撮るほうが適していると思います。

スマフォの画面は、細長すぎるのと縦なので、いざというとき画面構成を決めにくい。動きがある猫を相手にそんな迷いがあると、決定的な瞬間を逃します。縦横の画面構成を悩むくらいなら最初からスクエアで。

明るさなどは撮影後に補正。当たり前のようですが、人間を撮る場合と比べたらはるかにシンプルに撮影することです。せいぜい暗いところをタップして明るくするくらいで。（福岡）

ねこ撮ポイント その7

白目部分がポイント!!

猫の写真は、どのようなぐあいで目が撮れているかが、大きなポイントになります。特に白目部分がどのような色か。青い子もいればイエローの子もいます。毛柄に関係なく、その猫のひとつの大きな特徴です。

特に目のまわりが黒い、ブチねこや黒ねこの場合は、白目部分がしっかり撮れていて瞳孔が閉じて細くなっている状態のほうが、より白目部分の面積が大きいですから、美しく撮れますね。目そのものを大きく撮るには、目を見開くように猫を少し上に向かせるのも手です。（福岡）

しいですね。彼らには、これ以上入っちゃいけないという結界みたいなものがありますから。

トリ　ふたりで組んで撮影に挑むとか？

福岡　ありでしょう。自然な感じを撮るにはかなり有効です。友だちに手伝ってもらうのもいいですね。ただし猫が慣れていることも大切だけれど。

ココロガマエ・その3

ずっと見守るつもりで あたたかく撮影

福岡　ライフステージ別に見ると、子猫時代が、撮影にとってもっとも魅力的なのは当然です。仕草はかわいいし、こちらへの反応もいい。猫撮影の黄金期ですね。複数でじゃれ

ねこ撮ポイント その8

偶然をパシャ!!

身もふたもない話ですが、偶然を撮影するには、猫の動き・動作をじっくりと徹底的に観察することが大事です。僕の自宅はいまだに和式のトイレがあるんですが、黒白はなぜかそのトイレに入っているんですね。人間が出ると入れ替わりで入っている。どうしてもここの水を飲みたいらしい(笑)。これをやるのは、うちにいる4匹のうちでこの黒白だけです。そっと追っかけてじっくり観察。出くわした「偶然」をパシャっと。猫のほうは「あ!」と。(福岡)

てたりすると、本当に面白い表情と動きをします。

トリ　見ていて飽きないですね。

福岡　子猫は、カサカサとやれば「え?」って見るし、何か転がせば追いかけてくれます。それが1年ぐらい経てば完全に大人です。だんだんと反応しなくなってきますね。もうそうなると最初にお話ししたように、仕掛けて待つ、が頻繁になってきますね。考えてみれば、人間が成長していくのと同じです。元気な10代20代からやがて老猫に……。

トリ　本当に動かなくなりますね。

福岡　そうなったら気持ちよさそうに眠っているのを、どんなに気持ちいい写真にできるか。それを楽しめれば最高ですね。きっと猫と暮らす幸せを実感できるはずです。

picture gallery

写真家・福岡 拓の スマフォ写真館

猫写真の撮り方を教えてくれた福岡 拓さんが、スマフォを使って撮影した写真ギャラリー。カワイイ～!! スマフォだって、こんなに撮れるんだにゃん!

フッと見上げさせると目がくっきり撮れるんだにゃ。

撮影チャンスはここにも!

白と黒のコントラスト強調。

クロネコとキジトラ。

家の裏、狙い目?

スマフォで寄る限界？

キャットタワーは必須！

野良には結界があるけど。

「入りたい」を待ってみる。

じっとしていると……！

待っていれば……！

油断しているうちに……！

野良も慣れが必要。

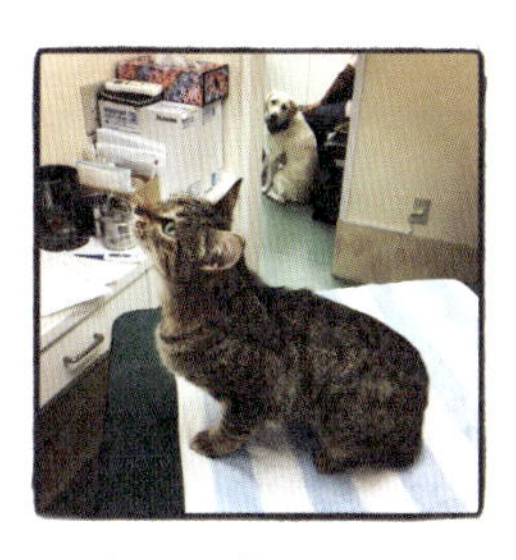

病院はめずらしいから。

「ついつい」をパシャッ！

色のバランスを考えると……。

「動きを撮る」に挑戦。

春の猫

エピソード「あのねこ・このねこ、十四十色」

藤原新也
fujiwara shinya

※写真は著者撮影のものではありません。

ある日のこと、内房線に乗って東京に向かっていた私は、桜の花の咲き乱れる上総（かずさ）湊（みなと）の駅を過ぎてしばらくして「斎藤！」と思わず声を出していた。

車窓に過ぎ去る菜の花の茂みの一角に私は斎藤がぼんやりと座っているのを見たのだ。

斎藤、とは人間のことではない。

それは猫である。

私は家の周辺にやってくる野良猫の半分くらいに名前を付けているのだが、私は彼らに人間と同じような名前を付けている。別に考えてやったことではない。ある日私の家の下方を（家は高台にある）近所の農家の斎藤さんが籠を担いで歩いていた。ちょっと用事があったので「サイトウサーン」と呼んだところ、目の前にいた生後半年のタマ（卵色をしているからタマ。これもいい加減である）がこちらを振り向いて、愛嬌のあくびをした、それでタマは斎藤という名前に変わったのである。

この斎藤、いわゆる男になろうとしたのが生後一年目の春のことだ。

まだ体が十分に出来上がっていず、喧嘩が強いわけでもないのに、彼はその年、遠

くからやって来るボスタイプのクロ猫(部外者なので、これには名前は付けていない)が目をつけて追っかけている雌の小林に惚れた。当然勝てるわけはない。一週間くらいの果てしない攻防の末、斎藤は右の腰にいくつもの大小の傷をつくり敗退した。

性の攻防に負けた野生動物というものは、自らの生存の意味を失うわけである。斎藤は敗退した日から、まるで人格(猫格)が変わった。普段は茶目っ気の旺盛な猫で、若さもあってうるさいくらいだったが、それが死んだようになってしまったのである。食べ物をやってもあまり食わない。家に入れてやると毎日濡れ雑巾のように、力無く床の上に丸まってばかりいる。斎藤! と呼んでも反応しない。

そんな落ち込んだ姿を見るに見かねて、ある日私は斎藤を膝の上に抱き、カツを入れた。

「おい! 斎藤! こんなことで負けてちゃあだめだぞ。良く考えてみろ。お前はまだ若くて体が出来とらんのや。負けるのは今はしょうがない。だが来年になったらお前も立派な大人になる。そしたらもう一度あいつとやってみろ。ガーンといてかましてやるんや。元気出せ! どんどん食って大きくなってあの野郎を今度はいてかませ!」

私はこの瞬間の不思議な出来事をいまだに忘れることができない。

斎藤は私がそう言った直後、私の膝から降りるなりグググっと力強く背伸びをしたのだ。そして台所の脇に置いてある食べ残しの餌のところに行くなり飢えたようにガツガツと食べはじめた。食べ終わると、まるでヒョウのように庭を駆け抜け、山の方に入って行った。

私は唖然とその後ろ姿を見送った。斎藤は、と思った。私の言葉を理解したのだろうか？

いやそんなことは考えられない。しかしあの豹変ぶりは一体何だ？　私はしばし山の方に目をやりながら考える。

……ひょっとしたら、彼は「言葉」を理解したのじゃなく、私の言葉や声の中にあるムードを感じ取ったのかもしれない。

そして次の年の春がやって来た。

再び同じことが起こりはじめていた。

クロ猫が小林を追っかけている。

青年になった斎藤はクロ猫に挑みはじめていた。一度勝負に負けた猫が再び同じ猫に勝負を挑むというのはきわめて珍しい光景だ。私はあのときの言葉が斎藤に乗り移ったのかも知れないと思った。

しかし私はその攻防の結末を見届けることができなかった。のっぴきならない用事があって東京に戻らなくてはならなかったのだ。再び隠れ家に戻って来たのは一週間のちのことだった。私はそこで自分の目を疑った。

斎藤は見る影もなく、体をずたずたにされていたのだ。

体中傷だらけだった。血糊がいたるところにこびりついている。とくに顔の傷みがひどかった。傷が化膿して目も開けられない状態に腫（は）れあがっている。最初はそれが斎藤だとは分からなかったくらいだ。私は彼を家に上げ、傷の手当てをしてやった。

斎藤は落ち込んでいるというより何か寂しそうだった。だが私は、その傷の具合を見ながら、心が震えた。

斎藤の体の傷は去年のように下半身の方にはほとんど見られなかったのだ。

猫の争いというものは大体追っかける方、逃げる方が決まっていて、逃げる方の猫の傷は決まって下半身についている。前の年の斎藤がそうだった。しかし今回の傷はそのすべてが顔を中心に上半身に集中していた。そのことは前年と違って彼があのクロ猫に果断に正面から挑んだことを物語っていた。

しかし完膚無きまでに打ちのめされた。

「負けたんだな……。

だが俺は嬉しい。お前を立派だと思う。今年は腰抜けじゃなかった。お前は十分に闘った。大事なことは勝ち負け以上にお前が正々堂々と渡り合ったことだ。ゆっくり休むがいい」


私は斎藤に言った。

斎藤は傷だらけの顔を私の方に向けていた。しかし目が潰(つぶ)れていて私の顔を見ることはできなかった。

傷が癒えた斎藤のそれからだが、

……彼はある日、忽然と私の前から姿を消した。

野生の本能と言ったらいいのだろうか。クロ猫に完膚無きまでに叩きのめされた彼は、クロ猫のテリトリーから出ていったのではないか。

そう思った。

哀しかった。

だが、私には斎藤の勇気を讃える気持ちが今でも続いている。
また春がやって来た。
そして、その次の年の春も、菜の花の咲き乱れるうららかな日差しの中で、ふと、あの斎藤のずたずたにやられた顔のことを思い出し、熱いものがこみ上げてくる。

撮影：戸澤裕司

ふじわら・しんや

1944年、北九州市生まれ。写真家、作家。木村伊兵衛写真賞、毎日芸術賞受賞。『全東洋街道』、『東京漂流』、『メメント・モリ』、『コスモスの影にはいつも誰かが隠れている』『大鮃』、『沖ノ島 ── 神坐す海の正倉院』などを発表、写真展も大反響を呼んだ。本編は『なにも願わない手を合わせる』（東京書籍、2003年）に収録された作品。

「ミケねこのトリセツ」
「ブチねこのトリセツ」も 好評発売中!!

編集協力：株式会社ブレンズ

トラねこのトリセツ

2018年9月3日　第1刷発行

監修者　大石孝雄

発行者　千石雅仁

発行所　東京書籍株式会社
〒114-8524　東京都北区堀船2-17-1
電　話　03-5390-7531（営業）　03-5390-7507（編集）
https://www.tokyo-shoseki.co.jp

印刷・製本　株式会社リーブルテック

ISBN 978-4-487-81196-0　C0095